U0198332

科学人文书系
Science & Humanities

从博物的观点看

人类必须适应于大自然。折腾大了导致不适应，最终伤的是自己。

刘华杰 ◎ 著

上海科学技术文献出版社
Shanghai Scientific and Technological Literature Press

图书在版编目（CIP）数据

从博物的观点看／刘华杰著．—上海：上海科学技术文献出版社，2016.3

（科学人文书系）

ISBN 978-7-5439-6970-4

Ⅰ.①从…　Ⅱ.①刘…　Ⅲ.①博物学—研究　Ⅳ.①N91

中国版本图书馆 CIP 数据核字（2016）第 035317 号

总　策　划：梅雪林
责任编辑：石　婧
装帧设计：有滋有味（北京）
装帧统筹：尹武进

丛书名：科学人文书系
书　名：从博物的观点看
刘华杰　著
出版发行：上海科学技术文献出版社
地　址：上海市长乐路 746 号
邮政编码：200040
经　销：全国新华书店
印　刷：上海中华商务联合印刷有限公司
开　本：787×1092　1/32
印　张：6
字　数：105 000
版　次：2016 年 3 月第 1 版　2016 年 3 月第 1 次印刷
书　号：ISBN 978-7-5439-6970-4
定　价：30.00 元
http://www.sstlp.com

目　录

1. 从博物的观点看

　　科学哲学家蒯因（Willard Van Orman Quine）出版过一部文集《从逻辑的观点看》，给出了一些新颖的见解。受其启发，从博物的观点看，会有什么样的结果？

　　与现代主流世界观、价值观不同，博物学的做法、想法是另类的。但正因为它是非主流的，它的视角和结论才不是人们习惯了的，对于哲学思考可能更有启示。

　　人生在世，是非常重要的事情。从什么角度来分析、用什么价值观来衡量此起彼伏、恩怨情仇呢？

　　人与他物构成一级又一级更大的系统。如何看待个体与群体、人类与环境之间的斗争与共生，近期利益与长远利益？

　　人类的历史被描述成生产力不断发展的历史、文明不断进步的历史。笼统讲，这些都似乎很合理。但是工业革命以来，得益于技术的快速变革，人类的发展在自然演化进程中变得特别突出。人类属于大自然，人的演化本来与大自然的演化是匹配的,但是最近几百年,特别是近一百年来,两种演化步调不一致,人类技术的演化速度(简称H)远远超过大自然背景系统的演化速度(简称N)。以人为参照系,大自然的演化表现为慢;以大自然为参照系,人类技术的演化表现为快。一快一慢在一段时间内还可以勉强兼容,建立在慢基础上的快还可以变得更快。但是从长远看,冲突不可避免,事实上现在已经表现出来,环境问题的根源就在于此。远古时期,以至于过去相当长的历史中,人与自然也是有诸多矛盾的,按理说环境问题早就有了,只是程度不同罢了,但是为什么通常不把工业革命以前的若干矛盾称为环境问题呢?回答是,在过去,H近似等于N。近一百年来,H远远高于N,于是出现了整体与局部的全方位不适应。

这种不适应不会短期内消除,但是如果任其发展,不适应必然进一步扩大,最终导致崩溃。那时会怎样?大自然肯定会受损,人类也会受损,谁的损失更大?肯定是人类自己。人类折腾大自然最终不过让大自然变形,却无法消灭大自然。但是对于人类来说就完全不同了。人类片面发展自己,破坏了自己生存的环境,人将变成非人,或者自己退出历史舞台。

人努力变成非人,在现在是被鼓励和被追捧的!

人在欲望的牵引下,利用智力和物质,努力改变着自己。人造物机器人先是人体的简单延伸，接着便是人机不分，最后机器取代人。

阿西莫夫的《我，机器人》出版时，人们对此过程还将信将疑。但到了2015年的今天，人们最多是半信半疑。再过100年，恐怕不得不同意、认命。

就每个单项比，起初机器都是笨拙的，但是一批批工业机器人上线后，工作比人做得好N倍，人们对这类简单机器另眼相看。当"深蓝"能战胜世界上99%以上的人类国际象棋棋手时，人们不得不同意机器表现出了"一定的智能"。当传感系统、控制系统足够发达，自动驾驶汽车几乎可以上路时，人类引以为豪的"综合智能"也不得不让度一些于不如人的机器。

论力量和耐力，有些机器超过了人；论容貌，有些机器超过了人，虽然关于机器人的美还有争议；论智力，机器的算计超过了多数人；论感知，基于人类肉体的感知系统在多方面输给了机器；论效率，在相当多工种上，人不是机器的对手。

但在目前，无论列举多少，人类仍然可以自豪地讲：机器是人造的，在某些方面机器还不如人。这当然是事实，可是这事实的基础一天天地被侵蚀。

"计算机不能做什么？""机器人不能做什么？""机器具有智能吗？""通过图灵测试意味着什么？"这类充满哲学味

的争论随着技术的稳步推进而不断改变着形态,天平发生了倾斜。

人类个体不是整体人类。在个体的意义上,已经可以得出结论:在大部分方面,人造的机器在"性能"上已经超过了自己。依现代性的逻辑、竞争法则,个体的人或者部分个体组成的一定群体,在竞争中总是想超越对手,挖空心思武装自身、"自我增强",最终人改变了自己。明天的人已经不是今天的人,人已经不是人。简单说,人嫌弃自己、厌恶自己,想成为超人、成为上帝。

人在两方面同时做着努力:

(1)物质肉体上,人对肉身的态度、处置发生了巨大的变化。人类在自己与大自然之间竖起了无形的篱笆,人类正在放弃传统的自然演化。在衣、食、性、住、行诸方面,肉身在几代人之后将不可逆地发生变化,人变得越来越不适合在自然环境下生存。自然感知、御寒、奔跑、牙齿撕咬等能力,都在单向地变化。此时,城市人与乡村人之间或者文明人与野蛮人之间的差别,从这些方面就能看出很大的差异。

(2)智力与精神上,人对自己大脑的巧妙运用达到了前所未有的程度,在计算机的配合下,这种趋势会变得更强。智能机和智能系统将遍布人类生活的各个方面,在对敌作战上将更依赖于这样的"魔道博弈"。

这两个方面相比较，人类表现为轻物质重精神的趋势，评判"成功人士"的隐含标准就会印证这一点。不是指人类变得很高尚，变得看不起金银珠宝而更重视精神修养。而是指，在人类群体中萌生着一种可怕的念头：肉身是低贱之物，比特将胜过原子，程序便是一切。

目前当然做不到，但苗头已经有了。比如，借助于技术，人类可以不性交而繁衍（已有多种实现方式），不吃饭只注射养料就能生存，不动手只动意念就可以操纵外物。这已经不是科幻。

一个总的趋势已朦胧显现：人要把自己改造成最适合竞争的非人。竞争在此成了第一要务，而不是生存成了第一要务。为此，一部分人愿意整容、愿意"人体增强"、愿意换脑（虽然还不能完全做到），总之愿意改变自我、愿意成为非我。

有人会说，"不是我愿意，是形势使然。"没错，在激烈的竞争中（从远古至今竞争一直都存在），个体的人可能处于两难的选择之中：

（1）坚持自我，保持不变或较少的变化，在竞争中会失利，会被对手灭掉。

（2）迎头赶上，做得比对手还高明，在竞争中胜出。

就像平民不断遭遇流氓，要么被欺（对应于第一种情况），要么用流氓的手段战胜流氓。这样一来，自己染上了流氓习气或一定程度上变成了流氓。平民的规则是不同于流氓的规则的，用前一种规则对付不了后一种规则，然而一旦采取或短暂默认后一种规则，自己就会生变。此过程还会"上瘾"，现代化的神话就在于能够让参与者上瘾，如吸毒一般，欲罢不能。近代中西相遇，中国人本来是鄙视洋人的奇技淫巧的，无奈用我们自己的规则和技艺玩不过人家的制度和洋枪洋炮，混得个割地赔款，险些灭国亡种；当中国人明白过来，"师夷之技以治夷"，奋斗了半个多世纪，中国终于站起来了，西方人于是又感受到了威胁。坦率地说，换位思考一下，西方人能不感受到威胁吗？他们太了解其中的"优胜劣汰"法则了。

问题是，只有这些逻辑选项吗？

逻辑从来不是封闭的。新的逻辑可能性是发掘出来的！在找到具体解困道路之前，重要的是认清格局、趋势，要有足够的眼界。

西方人声称运用演化论（进化论）才上演了近代社会历史的大剧目，我们也不能不信演化论。不但不能否认，还要更加坚持演化论。我们要恢复的博物学，其最基本的理论基础恰好就是演化论！

什么是演化论，基于演化论就应当恶斗相见吗？其实，生存斗争只是演化系统的一个方面，算不上是它的最高原则。在演化论看来，适应可能是更基本的要求。无论个体、群体还是整个系统,都要考虑适应,不适应就需要调整,在一定时空范围内调整不过来就会出大问题。适应显然不是静态的,维持动态适应,需要不断调整自己,但是这绝对不意味着目前的做法是唯一选项。

如此说来,博物学视角其实就是演化论视角吗?

如果一定要这样理解,我也不反对。其实演化论就诞生于博物学的探究传统之中。只是长久以来,演化论已经被非博物地解读,成为教条,现在应当把它放回原来的传统,在更大的语境中讨论。

从博物的观点看,人既追求个体利益也追求群体利益,既在乎短期利益也在乎长远利益,并且利益的权衡是在一定的系统中进行的。系统不能线性发展,否则是死路一条。

从博物的观点看,动态适应非常重要,人应当适当抵制快速主动地变成非人的冲动。人类的理想不应是造出一种能够自我繁衍的机器人世界。人不是机器,也不应当变成机器,受控于机器。

从博物的观点看,当前国家与国家、地区与地区、团体与团体、人与人之间的恶斗不是最佳选项,更不是唯一选项。想象一下,按目前的模式,巴以冲突有解吗?如今仍然流行的军备竞赛、“冷战”的确是过时的思维,即使短期内某些主体能够胜出,但从长远看并没有赢家。恐怖主义与“反恐”运用的是同样的逻辑,恐怖主义的升级是当下逻辑规则迭代的必然结果。

中国有悠久的博物传统、丰富的博物学文化资源。鸦片战争以来,中国受尽西方列强的欺凌,现在中国已经壮大了,但从根本上说,我们主要采用了外来的强盗的逻辑,加上自己的努力,才赢得了这种来之不易的局面。我们的传统智慧并没有机会施展或者没有完全施展。中国知识分子的理想还远没有实现,事实上在过去根本没有一丝机会去操作。

现在也许不同了,有了一丝机会。但是,机会不会总停在那里。

2. 伏地魔之子论纯科学推进的速度

[按]善思·里德尔(Science Riddle)是魔法界恶贯满盈的汤姆·马沃罗·里德尔(Tom Marvolo Riddle)之子,即伏地魔(Lord Voldemort)之子。不过善思"不喜欢魔法",在个性上也更像他爷爷而不是他爸爸。他精通魔法,却从不施展魔法,对麻瓜也不鄙视。一日,麻瓜艾丽丝(Alice)报考科学魔法学校,正好遇见善思,他们谈起了科学技术对近现代社会的塑造。

善思·里德尔(Science Riddle): 说说你报考的理由吧。

艾丽丝(Alice): 科学技术如魔法一般,日新月异,科学技术真正称得上是推动历史进步的动力、杠杆,如今不重视科学技术的人简直等于没文化、不了解这个时代。从总体上看,人类文明的发展与科学技术的发展是同方向的、同步的。不过,最近一个世纪里,关于两种文化的讨论、科学知识社会学(SSK)的讨论、后现代的讨论、女性主义的讨论等十分有趣,许多左派学者指出科技很像勾勒姆(Golem),一种不知道自己有多大力气、究竟想干什么的怪物。我觉得这类隐喻十分危险,不利于人类文明的发展。

善思·里德尔: 你的意思是,有人认为科学技术也有负面作用,对吧?

艾丽丝: 我认为"科学技术的负面作用"这一表述不够准确,有误导作用。我只承认,某些技术在应用过程中,比如被坏人掌握而用于干坏事时,才可能产生负面作用。这也只是可能,而不是必然。

善思·里德尔: 那么在你看来,技术本身是中性的啦?

艾丽丝: 技术如切菜用的菜刀,可用于切菜,当然也可以被用来杀人。我们不能怪罪菜刀本身,同样不能认为技术本身有负面影响。

善思·里德尔: 那么,你认为机关枪、坦克、隐形轰炸机、毒气弹、原子弹、生化武器等除了杀人外,还有其他预想的用途吗? 其中的技术也是中性的吗?

艾丽丝: 武器可以用于正义的战争,也可以用于非正义的战争。不过,武器杀伤力的增强,确实是技术进步导致的。如果借用意象性理论,也许技术如你所言,并非中性的。也许有些技术确实有害,并非多多益善。什么技术都传播,肯定是讲不通的,比如毒品合成技术、核武器小型化技术、计算机病毒设计技术等,一般不宜传播。

善思·里德尔:你倒是挺能演绎的。那么,在你看来,技术可能有问题,科学本身是没有问题的,科学与技术应当分辨清楚?

艾丽丝:是这样。对某些技术应当做出限制,用于战争的技术应当限制。事实上,国际上对核武器技术扩散已经有一些限制,比如有一些公约什么的。

善思·里德尔:青蛙大学已经有人讲,实验室科学是造成目前环境问题的重要原因或者根源。实验室得出的科学结论是在斩断了与外界联系的情况下,对大自然的多种复杂状况做出大量简化和约束后,所得出的结果,它们本来也是"地方性知识"。但给人的感觉是,西方近代自然科学都具有普遍性、普适性,不说"放之四海皆准",但也差不多。其实,据劳斯等人讲,这不过是一种标准化过程罢了,在各地"克隆"出原产地的状况、微观小世界,从而验证并应用科学结果。既而由这些科学产生现代技术,技术又影响生产和社会,最终还影响到我们的生存环境和其他物种的生存环境。

艾丽丝:你的意思是说,科学也不能幸免于被责难?理由是,不但科学产生了技术,科学本身也是价值负载的,科学并不能真实地反映大自然的运作?

善思·里德尔:差不多。不过我并没有说科学相比于技术的负面影响责任更小。实际上，人类先有技术，后有科学。早先的技术并没有产生环境问题，只是到了近代，科学出现以后，后来的技术才有了问题，科技导致的环境问题才一点点地显现。

艾丽丝：就这一点上，你暗示科学提供了更多的可能性，从而在某种情况下经过若干环节导致了当今的全球环境问题？没有科学，就搞不出新的技术。

善思·里德尔：正是。

艾丽丝：按照你的逻辑，可以导出可怕的结论。不但要对技术做出限制，还要对科学、对纯科学做出限制？

善思·里德尔：正是。

艾丽丝：这是不可能的，也是不应当的。难道纯科学不是为了满足人类的好奇心、人类的理智需求、人类了解宇宙、了解大自然的美好愿望吗？不是有大量人类面对的困难问题迫切等待着纯科学给予回答吗？人们不是在纯科学中发现了自然的美丽和壮观吗？在这个世界上，如果只找出一件东西，值得推荐作为人类一代代共同奋斗的事业，难道不是纯科学吗？如果说推进技术进步有问题，推进纯科学，在纯科学方面增加投入，还有问题吗？

善思·里德尔：你先不要激动，这的确有点反常。你说了两件事：是否应当限制；是否可能做到。鉴于纯科学的发展或者人们习惯上说的进步，必然提出各种进一步发展某种技术的可能性,在此基础上很难避免不开发出有害的技术,于是理论上对科学的发展应当做出限制。

艾丽丝:按照你的意思,是要禁止纯科学了?

善思·里德尔:我没那么说。我的意思只是,近代以来,科学技术的发展速度太惊人了,已经与其他文化事业的发展速度,特别是自我控制能力的发展速度,与整个大自然的背景的发展速度不协调。这种不协调是导致我们目前认为的环境问题的一个根源。农业社会也会产出垃圾,但是那时的垃圾是可以融入整个大自然的循环的,源于尘土,归于尘土。但工业社会以来,通过纯科学的研究,我们一点点制作出大量无法在短时间内无障碍地参与大自然循环的物质,如 DDT 等大量化学品,如各种抗生素,如大量的水泥制品、玻璃制品等。如果是链式反应的话,有了科学新"发现",就好比中子打入反应堆,启动了核反应。

艾丽丝:对,链式反应是很难中止的,也没有人能够阻挡科技的进步。目前全球各个超级大国也只能对少数技术进行协商,做出限制,是否真能做到不被恐怖分子掌握和利用还很难说。对于更多的技术,其中可能有一些是明显对一部分人、对敌、对国家不利的,或者能够增加自己的实力而降低对手的相对实力。对此,谁首先做出自我限制,无异于自杀。

善思·里德尔:在这种情况下,为了增强竞争力,各国都优先发展科学技术。对于纯科学,只要条件允许,一般情况是支持的。国际组织,如联合国等,也都支持纯科学研究。

艾丽丝:所以说,要限制纯科学研究,是不可能的,也是无根据的,甚至是不道德的。

善思·里德尔:恰好在这一点上,我有完全不同的看法。完全禁止纯科学研究不是我的想法。我只要求纯科学的推进步伐与其他事业同步,不宜过缓,也不宜过快。慢了和快了,都有问题,都可能导致人类社会及人与自然系统的不协调,环境问题只是其一。

艾丽丝:最近几十年,信息产业的高歌猛进确实造成了大量的人为浪费,比如电脑软硬件在厂商的忽悠下快速更新,用户不但多花了许多钱,在感觉上也不适应。不过,即使你说的同步发展有道理,准确地说,就是把现在纯科学的发展从高速、加速状态降下来,这在我看来实在是不可思议,也是做不到的。第一,各国人民普遍认为(有调查数据支持),应当加速发展纯科学,增加纯科学的投入;第二,没有哪个国家的政府或者哪个国家的科学家共同体愿意停下来。

善思·里德尔:这恰好是因为长期以来,人们对科学之伟大形象片面宣传的结果,人们误以为科学是无辜的,甚至以为更多的科学就是人类的福音。

艾丽丝：看来，你真是反科学！

善思·里德尔：错误，或者不准确。我只反不匹配的科学。适量的科学是好的，应当的，但少了或多了，都是不合适的，都会引发问题。人类作为一个物种，还太年轻，在进化中还没有真正学会适应。所谓环境问题恰好是适应不佳造成的。人类的未来还久远，如果不想快速毁灭的话，学会协调、适应，是个好的选择。历史上许多物种，就是因为不适应，而集体灭亡。发展科学，起初是为了更好地适应，但异化后的科学，导致了人类的不适应。

艾丽丝：这么说，人类现在是不够理性啦？超速发展科学是不理性的？

善思·里德尔：正是。人类的各个团体，如果足够理性的话，就会坐下来，协商解决办法，控制纯科学的发展速度。只有从源头上控制了纯科学的速度，才能真正控制下游的技术以及人类的操纵力、征服力。

艾丽丝：如此说来，你不反科学、不反理性，似乎更讲科学精神？如果科学这个词还可以保留的话。

善思·里德尔：随你怎么说。

艾丽丝：尊敬的善思·里德尔先生，由此看来您与伏地魔完全不同。我真想在您门下读书，不过我不会再去学魔法，而是学习管理、控制魔法的魔法。

善思·里德尔：欢迎。二阶魔法并不是魔法，只不过是一种对话的态度。

（《我们的科学文化（4）：科学的算计》，江晓原、刘兵 主编，王一方 执行主编，上海：华东师范大学出版社，2009 年版：第 256—260 页。原署名阿里巴巴）

3. 知识要用力量来衡量吗

近代以来,知识被当做一种有效的支配工具,控制他人以及征服大自然,典型的说法是"知识就是力量"。培根的这样一句名言被认为实质正确与道义正确。

问题是,知识要用力量来衡量吗?知识一定能转化为生产力吗?力量越大的知识就是越好的知识吗?一个健康的社会应当对无用的、力量小的知识就给予较弱的支持吗?这些问题许多人可能从来没想过。现在想一想还来得及,要从科学哲学、知识社会学、技术哲学、文明形态的角度思索知识及其力量。

有些知识与力量关系密切,后果越来越严重,越能体现此种知识的力量。比如,与核武器、化学武器有关的致毁知识。

但是,世界上存在而且应当发展力量不大或者基本没有力量的知识。博物知识通常没有力量,偶然有点力量。

力量大对于好知识、有价值的知识,不是必要的、必然的。

提出三个命题：

（1）要当心力量大的知识，要慎重发展和推广。

（2）要鼓励传承、发展无用或者力量较小的知识。

（3）简单地把"反科学""反技术""反文明"等帽子贴到上述论断上是无效的，因为上述观点支持某些科学、某些技术、某些文明。

请对上述三个命题加以批判。

4. 平和推介中国

一、为什么要走出去

　　学术外译,学术出版走出去,好像一时成了"共识"。我猜想,走出去,有经济利益的考虑,更有政治使命感的因素。就前者而论,其实短期不容易赚到钱。有出版社介绍,输出150多种图书版权,收益才150万元,平均收益率不算高;有些项目铁定赔钱。当然了,不只是钱的问题。有人就愿意做不赚钱的买卖。在许多些人看来,后者更要紧,我也同意。但是一定要摆正心态,不要有太强的悲情意识与表现意识。改革开放若干年,中国人口袋里有钱了,出国经常一下子购买两三个 LV 包,给一些老外的印象是中国人太有钱了(其实是假象)。穷人暴富,富得只剩下钱了,中国人是经济动物,这些是外界的一些负面看法。炫富,其实还是太穷。于是,部分领导和学者想扭转这种认识,想证明中国人除了有钱外,还有别的,比如有知识、有思想,有正义感、有担当,等等。这样的想法可以理解,但不能过分。炫文明,其实还是不文明。还是要韬光养晦。也不能因此而过多浪费纳税人的钱。

学术出版走出去,我认为当下最重要的是,摒弃狭隘的民族主义,尊重文化多样性,诚恳地向世界介绍中国的物质文化与精神文化。包括介绍中国的历史,介绍中国学术界的思想、普通人的看法;向周边地区和全球解释中国和平发展的愿望,为中国树立良好的国际形象;让世界人民确认中国的确是在和平崛起,不要逞强而造成误导。这非常重要,关系到中华民族在地球上的生存环境,学术出版要为中国的可持续发展做功。目前,网络上以及纸媒的部分言论"装土匪",让人以为中国人个个好斗,这有损中国的文化形象,不利于中国的发展。比如某搜索引擎推荐的"中国南海又下狠手,引美越菲十一国集体炸锅""北京斩断美国生命线""安倍的命根子已被中国掌控""中国有大批武器领先世界 20 年""中美对决最后紧要关头,北京将美国彻底打趴下",等等。这些土匪语言能帮助中国吗?

二、建立世界出版新秩序

这个小标题有点吓人,好在不是我起的,是冯守望总裁讲的。学术出版也的确涉及出版秩序的问题。当前要打破学术出版的垄断,少数外国期刊公司在中国赚了许多不大合理的钱。最近中国在进行汽车行业反垄断调查,要开出巨额罚单。学术出版界问题更严重,但也更复杂,也压根无法开罚单。

短期或长期受剥削,其中的重要原因是:语言问题和学术梯度问题。学术是由语言承载的,古希腊语、拉丁语、法语、德语、英语都支撑过主流学术。下一个会是汉语吗?希望如此,但可能性不大。中国的文化(不是经济)强大到一定程度,学汉语的就多起来,汉语就会成为国际流行语言,用汉语撰写的有价值的学术论文就不用特意翻译成外文了。我们的目标不是汉语独大,也不可能做到,而是分到一定的份额。这个是由经济基础决定的。汉语承载的学术、价值观很难传播,俄语、日语也有这个严重的问题,甚至连西班牙语、法语都感受到了压力。

学术如流水,水往低处流,反向流动也可以,却要额外做功。中国当前不在"学术梯度"的高端,学术出版走出去谈何容易!但不是整体一块,要具体领域、学科、问题具体分析。当前中国学术三大块中,科技一块已经早就走出去了,跑掉了,拦都拦不住,外国出版公司偷着乐呢。因为中国科技界除了保密成果外,90%以上的最新成果都拿到国外发表了!这部分不是再往外走的问题,而是如何往回流的问题。第二块是社科,坦率说不太好讲。这部分我们有哪些人家喜欢的东东?如果人家不喜欢还要强行塞过去,也没意思。第三块是人文,这方面的确有许多值得走出去的。外国读者也感兴趣。几百年来,中外学者合作翻译了老子、庄子、孙子等,现在有些人说不能"老装孙子"。基于中国人的文化传统、文明特点,中国人的确能为世界的和平发展贡献自己的想法。同样,我们也要虚心学习人家的文化。

三、分析"学术出版"中的"学术"概念

学术出版中的"学术"概念要放宽。有些学术不必急着外译,而有些非学术的东西值得抓紧外译。向外国人通俗地、有趣地又比较权威地介绍中国文化的图书可能算不上前沿学术,但非常重要,国家要首先考虑资助出版。一些非常窄的学术研究成果,尽管可能非常领先,但是因为读者极其有限,也未必要急着翻译(理工科的成果,相当多是用英文写成的,不存在这个问题),外国专家想看可以自己解决,比如自己学汉语或者自己动手翻译。要关注中国通史、中国人的生活史、生活方式、生存态度方面的著作。本土的,才是有特色的,最终也是世界的。当代一些有影响的小说也要考虑。中国的电影、莫言的小说涉及广义的学术,它们

对老外了解中国起到了非常重要的作用。莫言写的是本土的、甚至很土的中国故事，正是这些内容和写法打动了外国人，如果照搬老外的做法，可能根本得不了奖。朱洪涛总经理讲了刘慈欣的《三体》翻译成英语在外出版，已有不错的订单，这非常好。老外的确想知道中国年轻人是如何进行科学幻想的，想知道《三体》隐含了怎样的科学观、文明观。昨天下午见到土耳其的 Fahri Aral 总编辑，他讲了康有为1908年写的突厥游记被土耳其出版社翻译出版，他们很在乎中国著名知识分子对他们国家政治、文化、历史的描述。类似地，梁启超1900年写过夏威夷游记，对域外文化做出了有趣的评论，这些如今也是中外学术界感兴趣的。

我的意思是，学术出版走出去，观念上可以解放一点，不要自己限制自己。内容未必一定是中国自己的；中国学者对世界各地事物的考察、评论、研究等，也值得输出，只要人家有兴趣。中国是一个大国，中国人可以对世界上已存在的、正在发生的、将要出现的诸多事物进行言说。

（第二届中国学术出版"走出去"高端论坛发言，2014年8月13日于上海交通大学）

5. 博物新时代

[按]《长江商报》的记者采访刘华杰，探讨博物学的历史、博物学在西方和中国，以及博物学的复兴。目前，博物学在中西方都在复兴，关于博物学的出版物增多，以及身边爱好观鸟、生态游的朋友的增多，都是信号。修炼博物学最直接的好处是，对当事人的身心健康有利。但还需要更多的引导，比如让人们的意识从单纯地依赖自然过渡到保护自然。

一、博物学复兴：依赖自然，
但还缺少尊重的探索

长江商报(记者谢方)：您在《博物人生》里提到，近十年来，西方关于博物学的出版、研究出现了一个复兴的趋势，国内这几年这方面的著作与研究也逐渐增多。就您个人感受到的而言，博物学是否正在复兴(或是有复兴的趋势)呢?

刘华杰(以下简称刘):博物学是在复兴。退回十年前,我没有太大的把握,但是现在已经看到了这种趋势,博物学出版物迅速增多就是一个例证。另外,有越来越多的单位请我去讲博物学。

长江商报:这几年,感受到身边有一种趋势,喜欢观鸟的人多了,喜欢种植花花草草的人多了,这些是否是博物学的一种表现呢?

刘:是的。不过也要小心,这只是初级的阶段,需要适当引导。目前人们只是表现出对大自然的需求和心理依赖,但是在尊重自然、保护自然上,人们可能想得不太多,所以此时要有引导。

长江商报:博物学无论在中国和西方都曾经有过兴盛期,但近百年来随着数理科学、现代科学的强盛,而日渐衰落。除此之外,它的衰落还有别的原因吗?

刘:主要是因为没用或者没大用处,玩物丧志,所以衰落了!这是由"现代性"的逻辑决定的。现在人们在反省"现代性",西方发达国家早就开始了,中国晚了近百年。

长江商报:我曾经问过一位植物分类学家,是否愿意做一个博物学家,他的回答是:现在研究这么细,单是植物都了解不完,何况还要了解地质、动物方面的知识。在当今这个知识大爆炸的时代,做一个博物学家与百年前有什么不一样的地方？是否更难？

刘：没错。现在即使是一般的植物分类学界，也可能没有博物情怀，缺乏那份悠闲自在的心境。不过，一般而言，这些人多少还能同情博物学，不像做其他行当的科学家可能鄙视博物学工作者和爱好者。也不能笼统说更难，难的方面只在于主观上我们是否愿意花时间。特别是现在有了网络，博物学爱好者之间的交流方便了许多。

二、新型博物学：人文关怀引路，
理论与实践并行

长江商报：许多人是通过一些人文作品接触到博物学，进而喜欢上博物学背后所代表的一整套价值理念和生活方式，比如梭罗、怀特、卢梭的作品。在博物学范畴里，人文类是一个特别值得关注的类别吗？它有什么特点？是否离普通人更近、更容易接受？

刘：对，我多年前就特别强调了人文型博物学家的特殊意义，在复兴博物学时倡导新型博物学，要首先发掘怀特、缪尔、巴勒斯、法布尔、纳博科夫这类人文博物学家。他们的特点是，除了一般的知性考虑外，他们有更多的价值关怀，更在乎天人系统的和谐共生。而且他们文笔都不错，他们的作品"界面"更友好。还有一点值得注意的是，他们的博物学工作离正统的自然科学相对远一点,至少就形式和旨趣上来说是如此。

长江商报:现在博物学需要从实践和理论两个层面推进,后者是少数研究者的事,前者则是人人都可以尝试的。请问现在国内对博物学的理论研究处于怎样的阶段?您今后在这个领域的研究方向是什么?

刘:国内认可并从事博物的人已经非常多,只是组织程度可能还差得远,我相信一点一点也会组织起来。但关心理论、学科史的人极少,北京大学算一个例外吧。我们从一开始就关注理论,也就是说,玩只是一小部分,对于我们来讲,要超越玩,研究博物学历史、认知、方法论及在人类社会中扮演的角色。国外单就科学史、科学哲学领域而论,现在关注博物学的人已经很多了,我相信国内也会多起来的。就我来讲,我会带博士生、硕士生先研究西方的博物学发展历史以及涉及的方法论、认识论问题,然后转到研究中国自己的博物学史。

长江商报:我发现您在推介卢梭的《植物学通信》时非常动情,里面有很多精彩的论述,卢梭与博物学的关系是否对您触动很大?

刘:我在大学本科学地质时就买过、读过卢梭的书,但是那时并不知道他与博物有何关系,后来算是重新"发现"了卢梭,这对我有很大的触动,并发誓译出他的博物学著作

《植物学通信》，后来这一工作由我的学生熊姣完成了。值得指出的是，我发现卢梭的植物博物学与他的自然观、教育观、一般哲学是有联系的，而以前人们没有注意到这一点。

三、博物学门槛低：群众可广泛参与，吃穿用度与精神享受结合

长江商报：您提到，其实中国也是有博物学传统的，出了很多博物学家，并且认为"中国古代学问最大的特点就是博物"，这该怎么理解？（与"天人合一""道法自然"的观念有关吗？）

刘：这个一言难尽。其实，翻看一下古书就能印证我的观点，比如《红楼梦》或者唐诗宋词。我个人认为，粗略地分，国学中包含两大部分：人与自然互动的部分，人与人互动的部分。现在得到宣传的主要是后面一部分，很在乎人伦、人生境界。当然这也很重要，但不全。

长江商报：在中国，即使到了民国时期，在学生课程设置、教材等方面，也是保留了博物学传统的。博物学在中国的衰落是否更多的与教育制度有关？而它的复兴也需要从这方面着手？

刘：与制度当然有关系。但是现在复兴它，一开始并不能指望制度上帮多大忙，而要坚定不移地走民间道路。

在此情况下，如果政府、社会认为博物一行对和谐社会建设、对生态文明建设、对身心健康人才培养有好处，那么可以参与、增加投入。如果教育部门意识不到，也没关系，反正我们没指望。

长江商报：您在《博物人生》中提到，中国已经开始进入小康社会，有希望迎接平民博物学的新时代。此话怎解？

刘：现代科技很专业，公众想直接参与也没有门径。但博物学不一样，其门槛很低，与标准的科学要求也不一样，公众是有机会、有可能参与并做出自己的贡献的。现在百姓吃穿等基本生活问题已经解决，从物的方面考虑和从精神的方面考虑，都到了"消费博物学"的时机了！

（《长江商报》，2015 年 4 月 20 日，B18 版）

6. 杂草正合我心意

　　杂草,不限于草本植物,也包括木本植物。何谓杂草? 通常说,长错地方的植物、没用的植物、令人讨厌的植物就是杂草。在中国,提起杂草,如我一般年近半百的老人容易联想起当年的批"毒草"运动。区分良莠,实际上并不简单。

　　可与波伦的《植物的欲望》相媲美的精彩著作《杂草的故事》通篇都在议论如何看待杂草。《杂草的故事》英文原题就是 *Weeds*,作者为经验丰富、颇懂传播技巧的梅比(Richard Mabey)。我读他的书不多,只有《怀特传》一种。另外看过有他出场的几个文化短片。不过,这已经足够判断他是一位写作高手,他也有学者气质和一阶博物实践。

　　标题"杂草,正合我心意"引自克莱尔(John Clare)的诗句。杂草散发着不肯驯服的野性,是人为边界的打破者。梅比和我都欣赏克莱尔。由此可部分猜测到此书的反常识见解。实际上此书有一个没有译出的副题 *In Defense of Nature's Most Unloved Plants*,意思是"为大自然中最不受待

30

见植物说点好话"！不过,梅比并不想完全翻案,并非置恶性杂草的基本危害于不顾而拼命讲它的好处。那是"愤青"的做法。那样的话,这书就没有多大价值了。入侵杂草非常厉害,微甘菊已在广东沿海一带肆虐,紫茎泽兰早就侵入到云南和贵州山地,一枝黄花成功落户上海虹桥高铁站铁轨间和崇明岛湿地芦苇丛中,豚草、三裂叶豚草、印加孔雀草已经大摇大摆走进首都北京,鸡矢藤、木防已最近还悄悄溜进了清华、北大校园。如果对这些不友善的举动无动于衷的话,简直就是无原则,鼓励植物的"放纵"。

但是,学者讨论问题要看到两段或多段因果链,而不只是最后的一段。一方面要高度重视眼下这些现象,要追究一段原因,也要探寻二段甚至三段原因。杂草及有害杂草的入侵之复杂性,相当程度在于它涉及文明进程特别是现代化进程中因果链的多个环节。

梅比的书有 12 章,差不多每一章都以一种植物命名,如贯叶泽兰、侧金盏花、宽叶车前、三色堇、牛蒡、柳兰等。每一章所述内容并非完全围绕标题,结构相对松散,就这一点而论,它不如《植物的欲望》简洁,但内容更丰富。

梅比在几乎每一章中都通过大量的举例,在反复传达一个观点:嘉禾/杂草、良木/恶树等的划分是相对的、暂时的,与我们一时的看法、认定有关。一个无法根除的历史事实是,我们今天所珍视的一切主粮植物和美味蔬菜植物,无一例外，都曾经是杂草！带有贬义的杂草，竟然是文明的伴生物。"杂草就是我们培育出来的最成功的作物。"（第281页）哪里有文明哪里就有杂草；有什么样的文明就有什么样的杂草。杂草是无法消灭的，割、砍、烧、挖等招法尽管使用，除草剂尽管喷洒，到头来杂草依旧，甚至越来越昌盛！其实，是我们所追求的东西培育了杂草：导致其引入、变异、进化、传播。人类发动的战争，也会打破大自然的局部平衡，从而影响到杂草的枯荣、进退。文明与杂草协同演变，人类对杂草似乎永远是爱恨交加。

野草为何有时那么猖獗？"是因为人们把其他野生植物全部铲除，使这种植物失去了可以互相制约、保持平衡的物种。"（中译本第17页）为了一时的经济利益或其他方面的某种好处，人类经常过分简化事物，低估大自然生态系统的复杂性，不顾及缓慢适应性法则。刻意选定优良植物，人为抑制不符合要求的其他植物，把它们视为杂草，这被视为天经地义。在第一回合的较量中，当事人也通常取得了效果。但是，风险同时在增大，当事物演化到第二第三阶段时，人工选择的结果令特定杂草反而强壮起来了。谁来承受风险呢？往往不再是当初获利的"当事人"，而是依附于土地的弱势阶层。当年的发财者已经开始上马新的项目了！

当然，许多情况下，私利表现得并不明显。有时当事人仅仅出于好奇或者为了科学研究,或者为了公益,在操作过程中不经意地释放了可怕的杂草。一些杂草常以植物园、大学和研究院所为跳板最终扩散开去,事后大家都装出一副很无辜的样子。比如邱园草(牛膝菊)、牛津千里光、牛津草(蔓柳穿鱼)、杜鹃花(对于英国)、醉鱼草(对于英国)、葛(对于美国)、臭椿(对于美国)、火炬树(对于中国)、互花米草(对于中国),当初引进的动机与效果都无可厚非,但结局却出人意料。实际上,恶果不是不可以避免。古老的格言早就说了:人算不如天算,智慧出有大伪。但是总有一部分自以为聪明的人未经慎重考察与测试就不负责任地引进了外来物种。

为何葛与臭椿在中国一点没事,到了美国就疯狂起来了?水土异也,环境变了!它们在中国久了,非常适应,不会有大起大落。到了美国就不适应。不适应不意味着衰亡,另一种可能是飞黄腾达、无拘无束地繁衍。那么好了,在美国待久了不就适应了吗?完全正确。问题是,能够忍受这一过程吗?不过,这确实提醒人们,要防患于未然,若事情已经发生了,就要心平气和地接受事实,想出稳妥的办法应对。

杂草入侵后怎么办?在西方有各种"杂草法案",问题意识一向很强的科学家更不会闲着,消灭、控制杂草的措施层出不穷。但有多少是管用的?一定要区分短期管用和长期管用,还要看有多大的副作用。

谁有先见之明？严格地说谁都没有或者都有一点。常识以为,科学家在预测上比较在行,其实在杂草问题上,并非总是这样。梅比引证大量材料,反而显示出文学家、诗人比科学家更有先见之明、能"看到"大尺度事物演化的可能结局。

如果仅仅根据科技杂志上的最新成果来写一部关于杂草的科普著作,我想不会吸引太多读者。梅比没有那样做,他似乎更喜欢引用文学作品和绘画,在乎莎士比亚、克莱尔、华兹华斯、杰弗里斯（Richard Jefferies）、温德姆（John Wyndham）、塞尔夫（Will Self）、丢勒。即使对于他不喜欢的拉斯金,他也大段引用,并找出对他的反科学观点有利的一点最新科技进展！

人类与杂草周旋颇久,时间跟人类的历史一样长。但不得不说只是在所谓的"地理大发现"以后、西方文明横扫世界之后,杂草危害才变得突出。世界的西化告一段落后,新技术革命特别是转基因技术再次启动了杂草风险警报,虽然孟山都等高科技公司以出售特制的除草剂而闻名。

20世纪60年代,美国人向越南喷洒了1 200万吨橙剂（一种落叶剂）,为的是让游击队无处藏身。橙剂给越南国土带来了深重的灾难,几十年过去了,相当多被喷的森林仍然没有恢复过来。那些地方特别适合丝茅等杂草生长,人工干预没什么效果，火烧反而加速了其疯长。人们尝试栽种柚木、菠萝和竹子，但都失败了。不过，最近丝茅又从亚洲潜入美国，让南方各州头痛不已，"不得不说这种复仇有些诗意"。（第17页）

别忘了，孟山都就是当年橙剂的生产者、获利者。摇身一变，它变成了现代农业甚至生态农业的化身，真是够讽刺的。归纳推理不保真值，归纳法不完全靠谱，但这不能由此得出"世人活该被同一骗子重复欺骗"。

《杂草的故事》涉及大量的植物名，历史、科学、文学内容纵横交错，翻译起来比较麻烦。我读后认为翻译是比较准确、流畅的，在目前的翻译市场上，此书翻译水平属于上乘。吹毛求疵一点，也能找到个别小毛病，比如：

第7页提到"藜与甜菜属于同一个目"，植物学上谈两个相近种的关系通常不这样讲。通过 Amazon 查原文，仅提到 it's related，根据植物学知识，最好译作"藜与甜菜同属于（藜）科"。

严格地讲，英文 seed-pod 不能随便译成种荚或荚果，pod 要具体化为不同的译名。第183页，梅比从邱园偷的是双花白屈菜蒴果而非荚果；第204页，莫里森提到的十字花科植物结短角果，不宜说种荚；第253页，凤仙花结的是蒴果而不是荚果，也不宜说种荚。

第240页，"但我们没有立场挑剔"读起来别扭。用

Amazon 查到原文是 But we're in no position to quibble，中文可更通顺地译作"但我们不能太挑剔"。

第 252 页，中间引文一段提到的引人注目的植物是杜鹃。我怀疑翻译错了。根据上下文以及 BBC 广播频道中梅比的一段 Indian Balsam 音频判断，植物学家休谟所讲的对象应当是凤仙花。

（2015 年 7 月 6 日初稿,2015 年 7 月 7 日修订）

7. 纳博科夫的蝴蝶

很高兴参加"美学散步"沙龙,谢谢叶老师的邀请。

纳博科夫(Vladimir Nabokov,1899—1977),我们在座的对他可能都熟悉。他是著名的文学家,创作了非常优秀的文学作品,如《防御》《天资》《庶出的标志》《洛丽塔》《普宁》《微暗的火》《说吧,记忆》《阿达》《透明》等。他也是一位有特色的文学教授,在俄罗斯文学评论与翻译、文体学上都有相当的地位。同时,他还是一位博物学家(naturalist),是蝴蝶专家。这些是他的三个身份。

纳博科夫作品中最有名的当然就是《洛丽塔》,电影好像就被拍过三回,中文翻译挺奇怪的,叫《一树梨花压海棠》。在出版《洛丽塔》之前,他虽然已经出版了很多书,却都不赚钱,用它们养活不了自己。只有这本书,才"引爆"带动了其他作品的销售,他们一家才过上了安稳的生活。纳博科夫的特别之处在于,他从来没有让事业受制于经济状况的胁迫或激励,无论在他有钱还是在他没钱的时候。他一生中,对文学、对蝴蝶的两大爱好不受外界因素的干扰。我想特别强调这一点,做到这一点很不容易,非得有坚定的意志不可。

一、纳博科夫是怎样的博物学家

纳博科夫有三个身份:作家、文学教授和鳞翅目分类专家。今天在这里我先要说的是他作为一个博物学家所做的事情及其影响。

很多文化都关注蝴蝶。中国元代有一幅画,在中国名气不大,也许中国画家不太关注,它存于英国,但此画在英国很有名,现为大英博物馆收藏之十大最珍贵中国文物之一。它叫《乾坤生意图》,创作于 1321 年,作者谢楚芳。特别之处是画了一个生态系统,画面有蜻蜓、蟾蜍、蚂蚱、螳螂、蝴蝶、蜜蜂(包括蜂窝)、鸡冠花、牛皮菜、车前、竹、牵牛等生物,生动展现了大自然食物链的细节和生物的多样性,仅蝴蝶就绘有约 7 个种。伦敦大学艺术史与考古学教授韦陀(Roderick Whitfield)曾撰文①介绍谢楚芳的这幅“草虫”画。

蝴蝶这类生物本身很有特点,在西文词源的意义上,它

---

① R. Whitfield, Fascination of Nature. *Natural History*, 2000, 109 (06): 58-63.

也跟人的"心灵"有重要的关系。有一份鳞翅目专业期刊《赛凯：昆虫学杂志》(*Psyche: A Journal of Entomology*)是剑桥昆虫学俱乐部1874年创办的。此期刊的正式名称就是*Psyche*。纳博科夫的一些蝴蝶论文就发表在这份刊物上。

纳博科夫并不研究所有的蝴蝶。蝴蝶的种类太多了，仅仅北京就有蝴蝶近200种。他研究的是其中的灰蝶。灰蝶比较多，又不是特别好看。中国的灰蝶有很多，有100多种。在灰蝶中，他又特别关注一类蓝灰蝶(blues)，中文有时音译叫布鲁斯，即蓝色的蝴蝶。多数情况下，它们并不是蓝色的，而是灰色、土黄色的，不是特别好看。纳博科夫对这类蝴蝶有非常专业的研究。Johnson和Coates合写了一部畅销的书《纳博科夫的蝴蝶》[1]，描述纳博科夫做了怎样的研究，达到了什么样的专业程度。英文版我仔细读了，非常棒，已推荐给上海交通大学出版社购买到翻译版权，2016年初有希望出中文版。

《洛丽塔》出版以后，纳博科夫变得非常有名。1969年5月23日纳博科夫的头像上了《时代》周刊的封面，他一下子成为昆虫学家中名气最大的人物。人们早就知道他是个蝴蝶爱好者，但是一个怎样、什么程度的蝴蝶爱好者呢？并

---

[1] Kurt Johnson and S. L. Coates, *Nabokov's Blues: The Scientific Odyssey of a Literary Genius*, 1999, New York：McGraw-Hill.

不是都清楚,昆虫学界对他也不是特别关注,虽然他发表过专业的论文。甚至昆虫学家有些嫉妒他,他凭什么那么有名?纳博科夫明里暗里不得不面对两方面的质疑:一是来自博物传统之外的质疑,这个好理解,也不奇怪;二是来自鳞翅目昆虫学内部的质疑,这个仁者见仁、智者见智,外人不好评说。就纳博科夫的个性来说,他对自己从来都很有信心,但在双 L 人生中(Literature and Lepidoptera,即文学和鳞翅目昆虫学),他对自己的文学能力更自信些,对昆虫学则差一些。毕竟与职业昆虫学家相比,他发表的昆虫学论文数量跟人家不在一个数量级上,工作时间也相对短。在文学界,特别是广大的"纳粉"中,人们很早就知道他是捕蝶能手和蝴蝶分类爱好者,但也仅仅如此。

　　1977 年去世前,纳博科夫一直颇为在意自己在科学史、博物学史中的地位。可惜他没有等到"共识"达成的那一天。从 20 世纪 90 年代到 21 世纪 10 年代,纳氏的蝴蝶研究才得到昆虫学界最终的高度评价,纳氏的一个猜想半个多世纪后也被证实。

　　纳博科夫当年的论文"新热带纳灰蝶注记"[①]的分类学先见之明在 20 世纪最后 10 年中被完全承认。纳博科夫 1945 年关于南美纳灰蝴确认了 19 个种(分在纳氏确认的 9

[①] Notes on Neotropical Plebejinae, *Psyche*, 1945,52:1-61.

个属中。7 个属为新引入,另 2 个修订加限制)。

更为吸引眼球的是,2011 年《伦敦皇家学会学报》发表了一篇有 10 位作者的论文[①],宣称纳博科夫关于灰蝶科眼灰蝶属(*Polyommatus*,英语通常称 blues)演化的大胆假说65 年后被 DNA 测序证实。那几天大众媒体也都有相关报道,我列出几则标题:2011 年 1 月 25 日《纽约时报》:Nabokov Theory on Butterfly Evolution Is Vindicated;1 月 27 日《每日电讯》:Lolita Author Vladimir Nabokov's Butterfly Theory Proved Right;1 月 28 日《国际先驱论坛报》: Nabokov the Lepidopterist; Scientists Vindicate the Writer's Theory on the Evolution of a Butterfly。也就是说,纳博科夫去世很久以后,他的科学成就才得到完全确认。纳博科夫 1945 年提出一个假说:南美洲的那些蓝蝴蝶,也叫纳博科夫蝴蝶,是从白令海峡过去的,即从亚洲到美洲的。纳博科夫当年根据博物学层面的研究给出这样一个猜测,半个多世纪以后,得到了还原论科学的证明。

博伊德的《纳博科夫传》[②]详细介绍了纳博科夫的双 L

---

① R. Vila, *et al*., Phylogeny and palaeoecology of Polyommatus blue butterflies show Beringia was a climate-regulated gateway to the New World, *The Proceedings of Royal Society of London* B, 2011, 278(1719): 2737-2744.

② 博伊德:《纳博科夫传》(刘佳林译),2009/2011 年,桂林:广西师范大学出版社。

人生。纳博科夫从小就特别喜欢蝴蝶,他的爷爷和他的父亲都喜欢蝴蝶。他的母亲则喜欢蘑菇,也出生在一个大户人家,是俄罗斯的一个大贵族,家里有好几个庄园。在他很小的时候,家里就有两辆汽车,有专职的司机,他父亲是那时候的俄国政府官员,也是一位法学教授。1906年,纳博科夫在7岁的时候,开始抓蝴蝶,母亲教他展翅。他一直希望能够发现一种新蝴蝶,这也是所有博物学家的一种念想,即发现新的物种。但是几次努力都不成功。9岁的时候,他认为自己发现了一个新种,给鳞翅目专家库兹涅佐夫写信说发现了一个新亚种。等来的回信只有几个词:亚种名,发现人的名字!回信的意思是"你发现的这种蝴蝶已经有名字了",也就是说纳博科夫不可能享有优先权了。纳博科夫在鳞翅目上取得成就的渴望大于文学。他12岁时写信给《昆虫学家》杂志描述一种新蛾子,最终核实已经被别人描述过。接下来20年仍然没有发现新种!描述新种对于博物学家,要说没有诱惑,是假的。一直到什么时候,他才真正发现了新种呢?最后他当然发现了新种,但那是很久以后的事了。他由俄罗斯到克里米亚,由克里米亚又到英国剑桥,由剑桥又到德国,由德国最后流亡到美国,在美国过着非常艰苦的生活。他在美国一边教文学,一边看蝴蝶,终于发现了一个新种,完成了一个宿愿。

纳博科夫经常写诗,从小就开始写诗。他用小诗《发现》(*A Discovery*)描写了此发现对自己意味着什么：

> I found it and I named it, being versed in taxonomic
> Latin; thus became godfather to an insect and its first
> describer — and I want no other fame. .... But ape the
> immortality of this red label on a little butterfly. (p. 174)

纳博科夫最在乎什么？在标本上贴上一个红标签。红标签意味着什么？模式标本。你发现了新种，由本人来描述的，那么在博物馆中，会贴上一个红色的标签，叫模式，因为命名是跟模式标本联系在一起的。他发现了第一个新种，是在1941年。这样命名的，它的"本种名"（相当于植物双名的"种加词"）多萝西来自他的一个女学生。他到美国的时候，家里非常穷。一家三口人，没有房子住，更没有汽车了，因为俄国革命以后，他们逃亡在外。当时他在美国的一所学校里兼职讲俄罗斯文学，另一方面，利用任何可以利用的时间去看蝴蝶、抓蝴蝶。有一个假期，他从东部的波士顿到西部去看蝴蝶，课上的一名女学生多萝西（Dorothy Leuthold）自愿从波士顿开着自己的车把他夫妇俩一直送过去，开了几千英里。恰好在此过程中，纳博科夫发现了一种新蝴蝶，作为奖励，纳博科夫就以这名女学生的名字命名了这种蝴蝶 *Neonympha dorothea*（后来更名为 *Cyllopsis pertepida dorothea*），这也是他实现的第一个物种发现。

纳博科夫 1940 年秋到美国自然博物馆（AMNH）看标本，帮助博物馆整理标本。1942 年，被委任为博物馆的 Research Fellow，直到 1948 年从剑桥离开到康奈尔。纳博科夫义务帮博物馆打工，做什么呢？他看到博物馆中蝴蝶的摆放、分类乱七八糟的，他自愿地帮你们做，不用给报酬。后来人家稍微给了他一点报酬，一年给他 1 000 美元吧，也不算多。他做这个工作，做得非常投入、非常仔细，一天他自愿工作 10 个小时左右。当然不是天天如此，主要是在周末的时候、有空的时候去。他也开始发表蝴蝶的论文。在此过程中，他成为 polyommatine butterflies = blues 方面的头号专家。要记住，这个时候，他的文学创作是并行的，他不是在看蝴蝶的时候，不进行文学创作，两者是并行的。说来有些奇特，纳博科夫可同时写两部到三部小说。写作也不一定按顺序写，他可能先写第五章，然后写第四章，然后第一章第二章。几部小说并行写，这非常难。我这个人做事必须串行，而且同一个时间只能做一件事，我自己觉得这样不受干扰，效率较高。但是他是并行的，很厉害，我很佩服。纳博科夫的文学作品中有大量情节来源于他的蝴蝶观察和捕蝶经历，包括他住的一些美国汽车旅馆的样子、美国郊区的样子，他在小说中都如实地描写。虽然那个小说的故事是虚构的，但里面的细节全部是真实的。这与某些 80 后、

90后的人写小说，里面的细节不真实不一样。如果细节不真实，这部小说给人的感觉好像就是不是很真实，我的印象是这样的。科幻作品也一样，细节"真实"很重要。

纳博科夫最有名的一篇论文就是"新热带纳灰蝶注记"，标题非常谦虚，叫 note，即注脚、注记。他依据博物馆中保存的那些标本，大概有 120 个标本，对南美洲的一类蓝蝴蝶进行了一种分类。就是这样一篇文章，在半个世纪以后，才被确认为极为超前的一项贡献。它是博物学层面上的贡献。在这个工作中，他对南美洲的蓝蝴蝶分出了 9 个属，9 个新的属！其中有 7 个是他自己引入的，另外两个修订了一下。这类工作对于在博物馆工作的人来说，好像也没有什么了不起的，许多博物类专家也是这样工作的。但是后来，到 20 世纪 90 年代或者到 21 世纪 10 年代的时候，人们在重新研究南美蝴蝶的时候，发现想增加一个属非常难，想去掉一个属也非常难。这就证明，纳博科夫当年的洞察力是非常厉害的。因为分类过程有很大的人为性，不是人们觉得"自然分类"不好。想直接逼近哲学上的"自然种类"（natural kinds）几乎不可能。这个人为过程要与现实弥合得很好，需要有判断力，需要惊人的洞察力。

纳博科夫在博物观察上达到了相当的水准。他在博物学探究方法上也有创新，他跟一般的蝴蝶爱好者在野外看蝴蝶还不太一样，他当然也利用大量的时间在野外看蝴蝶，另外他在显微镜下看。对纳博科夫而言,博物传统跟解剖传统也联系起来。镜下解剖看什么呢? 主要看蝴蝶生殖器官的结构,根据它来进行细致的分类。蝴蝶仅看翅膀、鳞翅,有些分类是做不出来的,那么他的镜下分类方法有多新? 领先于那个时代,作为一名文学家做出这样一项创新,是非常不容易的。在那个时代,昆虫学家也没有把他的工作当回事,后来才看重。纳博科夫的工作在 20 世纪 90 年代重新被人捡起以后,蝴蝶专家们发现了一批新的蓝蝴蝶。如何命名它们呢? 为了向纳博科夫致敬,就建议用纳氏小说中的人物来进行命名,其中将一种蝴蝶命名为洛丽塔。纳博科夫研究专家在这方面提供了一些帮助。当博物学家发现一个新种,在命名上没有什么好的想法,就问"纳学"专家。如传记专家博伊德等人一般会马上响应,指出应该以某某命名,背后有什么样的故事,于是这些名字也被科学界接受了,留下了很多这样的名字。到 1999 年学界已命名 80 个种。命名中"本种名"(相当于植物学名中的"种加词")使用了纳博科夫小说中的许多人名,如 lolita, luzhin, pnin, mashenka, ada, sirin(西林,纳博科夫年轻时的笔名),shade, humbert! 命名建议人主要为纳学专家 Warren Whitaker, Brian Boyd, D. E. Zimmer 等。

命名的细节我不讲,这是博物学界的事。可以参考《纳博科夫的蝴蝶》一书。

因为博物学是一个宽泛的领域，门槛很低，什么人都可以进入，那么他达到了一个什么程度，这个很重要。纳博科夫在博物学界取得的成就如下：

（1） 1942—1943 年，15 页论文：Nearctic Form of *Lycaeides* Hübner，创新：建立了以镜下生殖器结构为基础的 Blues 分类原则，至今仍在使用。经常每日 10—14 小时看镜。

（2）1943—1944 年，35 页论文，镜下看翅斑。

（3） 1944—1945 年，60 页论文，Notes on Neotropical Plebejinae。最具创新的论文，超前半个世纪。

（4）1945—1948 年，90 页论文，总结性的。

结论是，纳博科夫是一流的鳞翅目专家，他自己描述过的新的分类群有 22 个，当然有将近一半被后人重新改变了（当时命名不准，被合并、转移或者取消等。这类修订在分类学界十分普遍）。别人为了纪念他，以纳博科夫的名字命名的有 8 个分类群，还有 8 个英文俗名。以他文学作品中的人物来命名的有 29 个。这个成就是相当了不起的，比如我很喜欢博物学，我也观察了十多年，一个新分类群也没有发现，一个也没有描述，也没有任何人以我的名字来命名！为什么？非常难。想在北京轻松发现植物新种，不大可能。要是去西藏发现个新种，那是有可能的。但是前提条件是至少要把《植物志》上已经有的东西都搞清楚，把那些排除，才有可能发现新种。

纳博科夫晚年在美国有钱了,就搬到瑞士去住了。他想做一项工作,写一本大书,叫《艺术中的蝴蝶》。他想研究历代艺术作品中表现的蝴蝶,想通过这个来了解历史上有哪些蝴蝶,哪些灭绝了?这是个很有趣的工作,非常可惜,一直到他去世,也没有完成。真做起来也十分困难,工作量巨大。

小结一下纳博科夫的博物学成就:

(1)较早采用显微镜下观察、比较鳞翅目昆虫的生殖器官进行分类的新方法。

(2)超前于时代对南美 Blues 蝴蝶做了属一层面的科学分类,虽然依据的标本较少(仅 100 多份),却显示了惊人的洞见:后人想缩简和扩增均非常困难。

(3)提出经白令海峡迁移的假说。

(4)纳氏本人描述过许多分类群。

二、贵族气质:艺术与科学

第一个问题是,纳博科夫在双 L 人生中如何做到出类拔萃?

纳博科夫怎么做到了文学跟博物学的深度结合,而且在两个领域都做到了极致?在一个领域做到极致就很难,在两个领域都做到极致那更难。这两个领域之间是什么关系？有一串问题需要回答。除了天赋外，还需要解释。纳氏在流亡生涯（圣彼得堡—克里米亚—英国—德国—美国—瑞士）中，从"少年富翁"到遗民、贫困的代课教师，再到畅销书作家，从有车到无车，从庄园锦衣玉食到一家三口居无定所，他真正做到了富贵不淫、贫贱不移，不变的是对文学、蝴蝶的迷恋，从未动摇。他从不妥协，他坚持做自己喜欢的事情！他为何能做出骄人的成就？我的回答是：因素可能很多，但综合多种材料（特别是依据博伊德撰写的厚厚传记），我认为家教、贵族气质因素极为重要。

也许我的想法是错误的。我确实认为他始终保持贵族气质，这个很重要。我的想法可能非常偏激，供大家批判。他无论在富贵的时候和贫穷的情况下，都保持贵族的气质，这是极难的。他迷恋蝴蝶并坚持高标准，从来没有动摇过，看他的传记可以确证我的看法。他的传记中译本翻译过来，有两卷，很厚。他小时候生在圣彼得堡，在 17 岁的时候成为富翁。17 岁的时候他有多少钱？传记中说他有 100 万英镑。20 世纪初有 100 万英镑，那是不小的数字了，可以说他是富翁。但到美国的时候，他成了穷光蛋，连自己住的房子都没有，挨家去找地方住。但是小时候就培养起来的对蝴蝶、对文学的爱好，在他一生中都没有变化过。他始终如一地喜欢蝴蝶。有钱的时候喜欢蝴蝶，可能做得到，没有钱的时候还喜欢蝴蝶，就不是很容易做到。

我想,由此引出的推论不应当是"学习贵族、攀附富贵"。"贵族气质",未必只有贵族才具有,贵族也并非始终都保有此种气质。当人民群众的温饱问题基本解决之时,可以通过教化和引导,使人们追求高贵的、有品位的人生。美学、博物学以及一般意义上的哲学,都有可能帮助人们实现某种超越。超越不是要一步迈出很多,不是要成为超人和圣人,而是超越自己,向上提升一点点,使人生更有趣、更有意义。树立理想,做一回自己,持之以恒,必有成就。这就是超越。原来已经达到一定境界者,可以做得更精致化一点,向往更儒雅更有情趣的人生,便是新的超越了。

　　科学史的许多案例以及纳博科夫的经历,确实在启示人们:在艺术上、在科学上,有所成就,是需要一点贵族气质的。艺术与科学,本来都是无用的,为无用的事情劳神费力,是需要判断力和智慧的。当艺术与科学开出了美丽的花朵,结出了人人可视的果实,再直接追求那些鲜花与果实,并不值得夸奖。

三、科学与艺术的关系以及"纳粉"的误解

　　第二个问题更关键:在他做的这两项工作中,科学跟艺术之间是一种什么关系?

　　纳博科夫本人留下了一些描写,他对于自己在两个领

域的创新有一些刻画。记者们也经常采访他,他说了一些很有趣的话。他说:"在高雅艺术和纯粹科学中,细节就是一切。"(In high art and pure science detail is everything)①直观上,大师级人物可能不在乎细节,而更关注宏观战略。实际上,成为大师,自然在战略选择上是独特的,在此基础上对细节又有强调,才显得更特别。比如苹果公司的乔布斯很强调细节,其评传中有一小节"细节,还是细节"。没有细节就没有纳博科夫的文学创作,也没有他的蝴蝶研究。如果这句话是我说出来的,这句话不重要。但是,结合到纳博科夫本人来讲,这句话就有分量,就像邓小平说"科技是第一生产力"一样,那就很重要了。我觉得纳博科夫在一定意义上回答了科学和艺术之间的一种相似关系。科学或者说他所从事的博物学研究非常讲究细节,那个蓝蝴蝶的分类非常复杂,不细心根本分不出来,不可能有超前半个世纪的惊人预见。没有细节,他的小说不会那么吸引人。

纳博科夫看到了真之美,也看到了美之真。他说:"I think that in a work of art there is a kind of merging between the two things, between the precision of poetry and the excitement of pure science."②他竟然提到诗歌之精确性、纯科学之激

① Johnson and Coates, 1999:306.
② Johnson and Coates,1999:307.

情,确有非凡之处。他故意反着说的。一般说诗歌不很精确,诗歌讲激情,而科学是讲精确性的。他反着讲,给出一种悖论性的叙述。细想一下,这并非只是一种修辞。读他的作品,能够感受到精确性、自然科学般的精确性。而他做博物学研究呢,却充满了一种特有的激情!

他说:"没有幻想就没有科学,没有事实就没有艺术!"(There is no science without fancy, no art without facts)[①]这同样反常规。这句话被人经常引用,还写到标题中。这句话好像也说反了,但名言经常反着说,直接说就不是名言了,说时间就是速度,这是名言。说时间是时间,只是直接描述。这个也要结合他一生的经历来讲,他的文学和科学的关系,确实是这样的。

他说:"I cannot separate the aesthetic pleasure of seeing a butterfly and the scientific pleasure of knowing what it is."[②]在科学和艺术中均能体验愉悦:观赏蝴蝶的美学愉悦;知道它叫什么、分类地位如何的科学愉悦。这两种愉悦不能分开。纳博科夫也描述了两者之间的一致性,一致性是什么?他在文学创作中和观察蝴蝶、蝴蝶分类过程中,他有一种非常深层的美学的愉悦。他说知道它叫什么、懂它,和欣赏

---

① Johnson and Coates, 1999:307.
② 转引自 Gould, 2011:51.

它,是非常一致的。观赏蝴蝶的美学愉悦,和知道它的分类地位的科学愉悦,两者相关联。

针对纳氏一例,文学与科学之关系如何? 学界已有一些讨论。

我很愿意介绍一位博物学家的看法。他刚去世。博物学大师古尔德(Stephen Jay Gould)最后一本书是《我已着陆》①。他为美国《博物学家》杂志连续写一个专栏,写了30年,每3年拿出来出版一部文集,一共出了10本。出了最后一本的时候,他用了"着陆了"这样一个名字,第二年便去世了。他不否认科学与艺术彼此影响,但认为在两者之前或者在两者的背后有着某种共同的基础: 对细节的追求。这与纳氏的表述相似。

针对纳氏的公众形象,古尔德指出了四类误解。古尔德反驳了一些"纳粉"的评论,纳粉有些描述不准确,建立了很多神话,主要有这么四个方面的神话:

1. 创新(Innovation)神话,针对理论、方法。一些纳粉认为纳博科夫在文学上如此伟大,那么在科学上,他也一定是像牛顿、爱因斯坦这样的大人物一样,有巨大的创新。古尔德说,这是不对的。纳博科夫在科学上没建立什么理论,

---

① S. J. Gould, *I Have Landed*, 2011, Cambridge MA.: Harvard University Press.

也没有什么更厉害的新方法。只是在昆虫解剖上有一点创新,他主要的成就是观察、描述、分类,他做的工作属于博物学传统。所以,第一个神话不成立,那些粉丝的想法是不对的。

2. 勇气(Courage)神话,针对纳氏对达尔文进化论的评论。纳博科夫在很多场合中发表了对达尔论《进化论》的一些评论。那些评论在外行看来好像就是否定达尔文的,实际上那是那个时代很多人共同的表述习惯。古尔德作为一名博物学家,也是进化论的一位思想大师,深知这一历史状况。因此按古尔德的看法,这一神话也是不成立的。

3. 艺术性(Artistry)神话,针对其博物画。纳博科夫画了很多博物画,他经常画蝴蝶。比如给他妻子写信时也附上一幅蝴蝶画,在给朋友的一些信件上也会画蝴蝶。他留下了很多这样的作品。他的粉丝们当然就会夸张,说他这类东西达到了多么高的水平,他因而是一位艺术大家。古尔德说,他画得一般般,在博物绘画的传统中,他仅仅算个爱好者。所以这个神话是不成立的。

4. 文学品质(Literary quality)神话,针对昆虫分类学描述所用语言的艺术性。纳博科夫发表的昆虫学的论文中使用的语言形式,他的粉丝可能并不了解,甚至根本没有翻看过,就想当然地猜测科学论文中也是用文学的语言来写作的。实际上当然不是这样。他的论文我基本都翻过,充满了林奈式的极枯燥的分类学描述,外行不忍卒读,只有非常专业的人士能够看懂。所以这个神话也是不成立的。纳博科夫在文学界是用文学语言来写作的,在昆虫学界当然是用林奈以来的分类学那种枯燥的语言来描述的(当然那是精确的)。

古尔德否定了这四类误解,并不是想否定纳博科夫是一位优秀的博物学家、文学家。那么,古尔德要回答一个问题,也就是说,纳氏的科学和文学之间究竟是什么关系。古尔德的回答非常有趣,也超出预期。他认为两者有关联,但不能只在一个层面上看。他看到了更深层次的一致性。传统评论过分注意在一个平面上讨论科学与文学谁影响了谁,而没有看到不同层面。古尔德说要追寻更深的一层(deeper level),寻找背后的精神特质(underlying mental uniqueness)来解释上一层面两个不同领域的成功。古尔德新见解的好处是:纳博科夫的故事教导我们,创新的背后有某种重要的统一性,传统上艺术与科学互斥的看法是不正确的(then Nabokov's story may teach us something important about the unity of creativity, and the falsity of our traditional separation, usually in mutual recrimination, of art from science[1]。

---

① 据 Gould, 2011.

我想,古尔德的看法是对的。对纳博科夫而言,不能停留在平面化的"科学促进了文学或者文学促进了科学"。在纳博科夫的人生中,科学跟文学的背后还有人生观、一种追求,那个东西可能可以解释科学与文学(或艺术)这两者。也就是说,并行的两件事情,其原因可能是在前的东西或者背后的东西。

四、博物人生与博物学传统

第三个问题是博物学创作与人生之间的关系。

这是一个更泛化的问题,也不是特别容易回答的。结合纳博科夫,可以说点个人化的看法。纳博科夫热爱生活,富有博物情怀,他是一个有趣的人。纳氏一生中,爱好、学术与做人是一体的。在"生活世界"中与大自然对话、与他人的相处,要有自己的坚定信仰,无论是做科学还是搞创作,都不要辜负自己的智慧(Wisdom),不单纯是智力。

博物学与创作都要讲究细节真实!做好双 L 要有足够丰富的生活体验。好的科幻:讲究逻辑,在可能世界中为真。好的文学:内容可信,虽然可能是虚构的。

文学作品当然是属于虚构了。文学中有一部分属于科幻作品。什么是好的科幻作品呢?好的科幻作品要有细节,要讲究逻辑,要讲究可行性,或者说它在可能的世界中

56

要真实。它不是随意的虚构。科学不是由数据单纯经由归纳法而得出来的,不是单纯由经验、数据决定的。自然科学声称讲究客观性,愿意用"发现"不愿意用"发明"这样的词儿。其实,从新型科学哲学及科学知识社会学来看,发现与发明差别并不是特别大! 科学与文学一样,是一种人为的创造、建构,当然也不是胡来。

如何创造,创造什么,与价值导向有关。

在我看来,纳博科夫的文学与博物学都是极佳的创造、发明。他做的科学并不是一般的当下主流的还原论科学和数理科学,而是科学中的一个古老门类。他做的这类科学跟保护生物学家吕植老师做的有点相似,都属于古老的博物学传统。有的人研究动物喜欢把动物关起来做人工的驯化、繁殖、切割、测序,纳博科夫不是这样。现代生物学喜欢做控制实验,这个传统是后来发展起来的,有两三百年的历史。纳博科夫不属于这个新传统而属于旧的博物学传统。

我常讲自然科学有四大传统:博物传统、数理传统、控制实验传统和数值模拟传统。以天文学为例,天文学在早期属于博物学传统,这可从名称和做法看出来。在牛顿时代,天文学变成了数理科学,后来又有变化,不是做控制实验,这个很难,很难对天体进行实验,后来用计算机数值模拟天体运动和演化。如今的天文学包含上述四大传统中除控制实验外的所有因子。生物学也一样,现在的生物学或叫生命科学覆盖了上述四个传统,但是博物传统被大大地忽视。人们认为博物学传统不重要。用博物学传统去研究非常艰苦,想写出一篇论文很难,比如吕老师在野外工作几个月几年,也生产不出几篇论文来,非常难,不像控制实验传统,把试管摇一摇,一个礼拜就能写出一篇论文来。不但如此,控制实验的结果还被认为是深刻的,是真正的科学,而博物传统做的东西被认为不那么深刻,或者不像科学,甚至还有人讽刺说"你们做的根本就不是科学"。这是科学传统歧视!从我们科学哲学和科学史的角度来讲,这四个传统同样重要,特别在今天应该强调博物学传统,而纳博科夫确实属于这一传统。当然这四个传统只不过是社会学家韦伯讲的"理想类型",现实的科学比这复杂。另外,博物学也并非都是科学,恰好有些内容不是科学,它才更有趣,更值得关注。

感谢田松和杨莎从美国帮助下载多篇纳博科夫的蝴蝶研究论文。感谢在场的各位老师、同行。

(据演讲录音整理。北京大学美学散步沙龙之"观天地生意、赏博物之美"活动,2013 年 11 月 23 日,北京大学燕南园 51 号)

8. 休闲与博物

　　于光远先生晚年非常重视休闲问题,积极倡导休闲学。我认为这是先生极为重要的一项学术贡献,目前先生的这一思想在自然辩证法、科学史、环境史领域被重视得还很不够,希望大家进一步传播、发展先生的这一思想。我本人近期关注博物问题,较能体会先生倡导休闲的意义。休闲与博物有交集,都涉及个体的人以及群体的人如何生存,都需要批判性地直面"现代性"的一整套价值观。个体怎样度过一生,群体怎样才能可持续生存? 以前我们可能过分重视了二分法中的一面,而严重忽视了另一面,比如在生产与休闲二分法中,我们太在乎生产,在持续创新与稳定平衡二分法中,我们太在乎持续创新。后果已经很清楚,个体的一生存在、天人系统的整体运行已经严重失衡,不但瞎忙者活得很累,还透支了子孙后代的利益,侵害了生态系统中其他主体(agents)的合法权益。忽视休闲的魅力、意义,一定程度上就容易同情"智力即善""强权即真理""做大做强""强者生存""拳头大者说的算"等恶劣伦理。

由此我还想到一个元层次的问题:为何于光远先生能够高屋建瓴提出休闲学?一般的经济学家、哲学家、科学家、旅游专家、生态学家为何没有提出来?这个问题很难回答,也可能不是一个真正的学术问题,但值得思索。于先生晚年思想高度解放、活跃,敢于独立思索,这恐怕是一个重要原因。相比而言,我们这些晚辈以及晚辈的晚辈,思想不够解放,有时甚至相当保守。保守未必都不好,但是学术上过于保守就会影响到视野。在中国学术无"自性"的今日,保守的结果就是跟着洋人走或者跟着官僚走,亦步亦趋。洋人或官员向左,中国学者就向左,洋人或官员追逐热点P,中国学者就追逐热点P。在这样的大背景下,独立人格和开放的心态就显得非常重要;思想解放未必一定得出了不起的思想,但是却有利于培育多样性、多元性的氛围。于光远先生为我们树立了一个榜样。在此我也愿意提及范岱年、董光璧、张华夏、金吾伦等老先生,他们的思想也非常解放、活跃,对待不同意见十分宽容,这些很值得我们学习。

(2015 年 7 月 1 日,为"于光远学术思想研讨会"准备的书面发言)

9. 缪尔书中的植物名

著名博物学家缪尔（John Muir）在《夏日走过山间》（*My First Summer in the Sierra*）中提到了许多植物，大多给出了拉丁学名，按理说翻译时容易确认其指称，进而找到合适的译法。但情况并非如此。

书中多次提到一种蔷薇科植物 *Adenostoma fasciculatum*，中文应当叫什么？

当代世界出版社 2005 年版将它译作艾德诺斯特玛属灌木丛，上海译文出版社 2014 年版将它译作丛状田下菊（见第 16 页和第 18 页）。都不好，前者没有形象联想，后者（好像来自《英汉植物群落名称词典》）让人误以为是菊科植物。

蔷薇科 *Adenostoma* 属是美国西部特有但在那里极为普遍的灌木或小乔木，是与地中海式气候有关的矮栎灌丛（chaparral，来自西班牙语）中的重要植物。共有两个种，分别是 *A. fasciculatum*（英文俗名为 Chamise）和 *A. sparsifolium*

（英文俗名为 Redshanks 或 Ribbonwood）。

可尝试将属名 *Adenostoma* 译作美柽梅，主要理由是此属植物：分布于美国；花序与分枝的外部形象像柽柳，都耐干旱；它是蔷薇科的，其花与珍珠梅的花相似。两个种译名如下：

簇叶美柽梅（*Adenostoma fasciculatum*），花密集，叶簇生。

红皮美柽梅（*Adenostoma sparsifolium*），枝皮红色，花稀疏。

把我的想法告诉近几年专治植物科属中译名规范化的刘冰博士。刘冰给出的建议是属名可译作"柏枝梅"，原因是"叶排列不太紧密，更像同科的水柏枝属 *Myricaria*"。于是两个种中文名变为：

柏枝梅（*Adenostoma fasciculatum*），

疏叶柏枝梅（*Adenostoma sparsifolium*）。

我赞同这一修正。

（2015 年 6 月 24 日，2015 年 7 月 1 日）

10. 博物学文化

　　博物学(natural history)是人类与大自然打交道的一种古老的适应于环境的学问,也是自然科学的四大传统之一。它发展缓慢,却稳步积累着人类的智慧。历史上,博物学也曾大红大紫过,但最近被迅速遗忘,许多人甚至没听说过这个词。

　　不过,只要看问题的时空尺度大一些,视野宽广一些,就一定能够重新发现博物学的魅力和力量。说到底,"静为躁君",慢变量支配快变量。

　　在西方古代,亚里士多德及其大弟子特奥弗拉斯特是地道的博物学家,到了近现代,约翰·雷、吉尔伯特·怀特、林奈、布丰、达尔文、华莱士、赫胥黎、梭罗、缪尔、法布尔、谭卫道、迈尔、卡逊、劳伦兹、古尔德、威尔逊等是优秀的博物学家,他们都有重要的博物学作品存世。这些人物,人们似曾相识,因为若干学科涉及他们,比如某一门具体的自然科学,还有科学史、宗教学、哲学、环境史等。这些人曾被称作这个家那个家,但是,没有哪一头衔比博物学家(naturalist)更适合于描述其身份。中国也有自己不错的博物学家,如张华、郦道元、沈括、徐霞客、朱橚、李渔、吴其濬、竺可桢、陈兼善等,甚至可以说中国古代的学问尤以博物见长,只是以前我们不注意、不那么看罢了。

长期以来,各地的学者和民众在博物实践中形成了丰富、精致的博物学文化,为人们的日常生活和天人系统的可持续生存奠定了牢固的基础。相比于其他强势文化,博物学文化如今显得低调、无用,但自有其特色。博物学文化本身也非常复杂、多样,并非都好得很。但是,其中的一部分对于反省"现代性逻辑"、批判工业化文明、建设生态文明,可能发挥独特的作用。人类个体传习、修炼博物学,能够开阔眼界,也确实有利于身心健康。

中国温饱问题基本解决,正在迈向小康社会。我们主张在全社会恢复多种形式的博物学教育,也得到了一些人的赞同。但对于推动博物学文化发展,正规教育和主流学术研究一时半会儿帮不上忙。当务之急是多出版一些可供国人参考的博物学著作。总体上看,国外大量博物学名著没有中译本,比如特奥弗拉斯特、老普林尼、格斯纳、林奈、布丰、拉马克等人的作品。我们自己的博物学遗产也有待细致的整理和研究。或许,许多人许多出版社多年共同努力才有可能改变局面。

上海交通大学出版社的这套"博物学文化丛书"自然有自己的设想、目标。限于条件,不可能在积累不足的情况下贸然全方位地着手出版博物学名著,而是根据研究现状,考虑可读性,先易后难,摸索着前进,计划在几年内推出约20种作品。既有二阶的,也有一阶的,比较强调二阶的。希望此丛书成为博物学研究的展示平台,也成为传播博物学的一个有特色的窗口。我们想创造点条件,让年轻朋友更容易接触到古老又常新的博物学,"诱惑"其中的一部分人积极参与进来。

(上海交通大学出版社"博物学文化丛书"总序,2015年7月2日于北京大学)

11. 为复兴博物学做有特色的努力

博物学是一种古老的探索、理解、欣赏世界的进路（approach）。它包括对事物的记录、描述、绘画、分类、数据收集和整理以及由此形成的适合本地人生存的整套实用技艺。博物学在发展过程中也演化出一些高雅形式，历史上相当多博物学著作以十分精美的形式呈现。

博物学是人类物质文化与精神文化的重要组成部分。世界各地都有自己的博物学，西方有西方的博物学，中国古代也有值得骄傲的非常特别的博物学。比较一下李汝珍《镜花缘》与斯威夫特的《格列佛游记》也能间接大致猜到中西博物学的差异，虽然两者本身只是文学作品。

近代以来，人们很关心西方人的观念，因为他们的一系列观念（有好有坏）深深地影响、改变了世界。于是，就科学哲学与科学史这样的学科而言，对西方的科学、哲学等颇重视。其实，不限于这样狭窄的领域，从更大的范围看，甚至从文明的层次看，也大约如此。但西方的观念并非只有科学、哲学（也未必是最好的），经过一段时间的清理和反省，如今我们看到了西方的博物学，虽然它仍然是西方的，但含义、特征并不同于以前在科学、哲学的名义下所见到的东西。我们戴着"眼镜"看世界，不是这副就是那副，不可能不戴。现在我们有意戴上博物学这幅眼镜，以博物的视角看各种现象。

西方博物学最突出的特征在于西方的 history 而非西方的 philosophy。有些人不理解，在 21 世纪的今天，科学哲学工作者为何那么关注"有点那个"的博物学？坦率点说，恰好因为博物学"肤浅"而不是"深刻"！显然，这不是说凡是 natural history 都肤浅，凡是 natural philosophy 都深刻，只是招牌给人一种表面的印象是这样。不过，博物学的行事方式、知识特点也部分决定了其成果的性质，natural history 得出的结果注定与 natural philosophy 得出的性质不同。前者以林奈、布丰、达尔文的工作为代表，后者以伽利略、牛顿、爱因斯坦的工作为代表。在外行看来，前者容易与琐碎、杂多经验、复杂性挂钩，后者容易与统一、理论定律、和谐性挂钩。其实，许多特征是共有的。比如，数理科学家眼中并非只有简单的物理定律和生命遗传密码，现实中照样要面对各种杂乱无章；植物分类学眼中并非只有千奇百怪的花草树木，他们也同样洞悉了大自然的惊人秩序。我相信，所有真正的学者，不管是哪一类，在其探究过程中都能感受到大自然无与伦比的精致与和谐,而这是一种无法言传的美学体验。

　　形而上学的简明二分有一定的道理:侧重经验事实、观察描述与实验的 history 为一方,注重第一原理、假说推演、概念思辨的 philosophy 为另一方。但是,这种清晰的二分法本身也有缺陷,割裂了 history 与 philosophy 的互相渗透,它本身是一种人为的抽象、化简。亚里士多德是全才,既研究物理学、形而上学,也研究动物志;他的大弟子特奥弗拉斯特深入研究植物,还被誉为西方植物学之父。化简,有收获,也是有代价的。二分法的两大类学问、探究事物的方式不应当完全对立起来,而是彼此适当竞争,在一定的时候取长补短。不过,就长期以来人们过分在乎 philosophy 进路并产生了多方面影响而言,现在强调另一面,即 history 的一面,也是一种合理的诉求。

　　哲学史家安斯提(Peter R. Anstey)认为近代早期有两种类型的博物学,一种是传统式的,一种是培根式的。第一种人们容易理解,从古代到中世纪,到近代再到现在,一直有脉络,形象还在,但第二种经常被遗忘。安斯提说近代实验哲学的“第一版”就是培根的博物学方法(Baconian method of natural history),也可以说培根开创了获取知识的博物学新进路(novel approach to natural history)。培根理解的博物学,真正“博”了起来,包罗万象,这与他的实验哲学、归纳法、宏伟的知识复兴蓝图有关。在古代和培根的年代，history 的意思与现在不同，正如那时的 philosophy 与现在的理解不同一样。现在人们能够理解牛顿的主要著作为何带有 philosophy 字样，并且清楚那时 philosophy 与科学不分；其实，那时 history 与科学也不分。复数形式的 histories 显然更不是指时间，而是指对事物的各种探究及收集到的各种事实。本来这也是 history 的古义，到了培根那里，研究的对象进一步扩展到血液循环、气泵等更新的东西。正是培根的这种博物学方法塑造了早期英格兰皇家学会的研究旨趣。波义耳也写过 *The History of the Air* 这样的作品，其中的 history 与现在讲的"历史"不是一回事；如今霍金出版畅销书 *A Brief History of Time*，难道其中的 history 只作"历史"解释？当然，我无意于计较词语的翻译，只要明白其中的含义，中文翻译成什么都无所谓，不过是一个代号。

我们今日看重并想复兴博物学，并非只着眼于它与数理科学的对立，而是注意到其自身具有的特点，对其寄托了厚望。博物是自然科学的四大传统（博物、数理，控制实验与数值模拟）之一，并且是其中最古老的一个。如今的博物也未必一定要排斥数理、控制实验和数值模拟。如此这般论证博物的重要性固然可以，但还不够，还没有脱离科学主义的影子。说到底博物学不是科学范畴所能涵盖的，博物学不是自然科学的真子集。博物学中有相当多成分不属于科学,任凭怎么牵强附会、生拉硬扯也无法都还原为科学。在一些人看来,这是博物学的缺点,对此我们并不完全否认,但我们由此恰好看到了博物学的优点。成为科学,又怎么样?科学拯救不了这个世界,反而加强了世界毁灭的可能性。

博物学的最大优点在于其"自然性"。何谓自然性?指尊重自然,在自然状态下自然而然地研究事物。这里的"自然状态"是相对于实验室环境而言的。"自然状态"下探究事物不同于当下主流自然科学的实验研究,它为普通公众参与博物探究敞开了大门,它同时也要求多重尺度地看世界,不能简单地把研究对象从背景中孤立出来。"自然而然地研究"涉及研究的态度和伦理,探究事物不能过分依照人类中心论、统治阶级、男性的视角,不能过分干预大自然的演化进程。历史上的博物学是多样的,并不都满足现在我们的要求,有些也干过坏事。历史上有帝国型博物学和阿卡迪亚型博物学,还有其他一些分类。

不是所有的博物学都是我们欣赏的、要复兴的,但是的确有某些博物学是我们欣赏的(或者说想建构的),希望它延续或者复兴,对此我们深信不疑。那么,究竟哪些东西值得复兴?其实现在研究得还很初步,无法给出简明的概括。一开始,不妨思想解放一点,多了解一些西方博物学。大家一起瞧瞧它们有什么特点,哪些是好的哪些是坏的,哪些对于我们有启发。中国出版界长期以来不成体系不自觉地引进了一批博物学著作,现在看还可以做得更主动一点、更好一些。

许多西方博物学家在我们看来有着天真的"傻劲儿",一生专注于自己所喜欢的花草鸟兽,不惜为此耗尽精力和钱财。我们并不想鼓动所有人都这般生活,但想提醒部分年轻人可以做自己喜欢的事情,可以选择不同的人生道路和生活方式;西方博物学无疑展现了多样性,可以丰富我们的认知、审美和生活。

博物画与博物学一同发展、繁荣,想想勒杜泰、梅里安、奥杜邦的绘画作品与博物学描述如何深度结合、难解难分就会同意,描绘大自然的画作与描写大自然的文字服务于同样的目的。用现在的"建构论"而非老套的"实在论"哲学来理解,它们在认真地描写对象的同时,也在认真地建构对象。世人正是透过文字与画作这样的媒介来间接了解外部世界的。西方人眼中的自然是什么,中国人眼中的自然是什么?博物写作与博物绘画在此都起着重要的作用。当我们能够欣赏西方博物画时,反过来也有助于重新认识我们自己的美术史和文化史。中国古代绘画种类繁多,与博物学最接近的大概是花鸟画与本草插图,但在掌握着话语权的文人看来,个别者除外,它们大多被归类于"匠人画"或"院画",境界不如"文人画"。于是,赵佶的《芙蓉锦鸡图》、谢楚芳的《乾坤生意图》和蒋廷锡的《塞外花卉六十六种》这类作品,在艺术评论家看来,可能并不很高明。民间器物上的大量博物画可能更无法入艺术史家的法眼。不过,价值观一变,这些都是可以改变的。以博物学的眼光重新看世界,不但能发现身边的鸟虫和我们生存于其中的大自然,还可能看到不一样的历史与文化。

多译介一些博物学著作,也有利于恢复博物学教育。2013 年我为一个植物摄影展写了一段话,抄录在此:“博物学是一门早已逃脱了当下课程表的古老学问,因为按流行的标准它没有用。但是,以博物的眼光观察、理解世界,人生会更丰富、更轻松。博物学家在各处都看到了如我们一样的生命:人与草木同属于一个共同体,人不比其中任何一种植物更卑贱或更高贵;我们可以像怜爱美人一般,欣赏它们、珍惜它们。”

西方博物学不止一种类型,每一类中的经典著作都不少。特奥弗拉斯特、老普林尼、格斯纳、林奈、布丰、拉马克、海克尔等人的最重要著作无一有中译本。翻译引进的道路一定非常漫长,做得太快也容易出问题。出版经典博物学著作也不是一家两家出版社能够包揽的,但各尽所能发挥特长,每家做出点特色,是可以期待的。

薛晓源先生近些年十分看好博物学,广泛收集西方博物学经典,交谈中我们有许多共同的认识。晓源同时通晓哲学、艺术和出版,我相信晓源策划的博物学经典著作译丛有着鲜明的特色,在新时期必将实质性地推动中国的文化建设。

(2015 年 6 月 21 日)

12. 天地有大美而不言

雪片晃动着斜插在车灯的光影中。早晨六点四十,天还没亮,我提着行李在育新花园北门费劲地认出预订的出租车,赶往机场。这是 2015 年深秋之后第一场雪,准确说是雨夹雪。北京的雪美极了。每次下雪,对北京市民来说就如节日到来一般,许多人孩子似的要摸一把雪,要在雪地上踩几个脚印儿,在数字化弥漫世界之际也会不停地用手机拍照。近些年北京下雪少之又少,远不如我读大学那会儿多。

雪有什么用,对远郊的农民当然意义重大,对闹市区的居民,则无实际用处。相反,下雪必堵车,出行因而颇费劲,但市民似乎能忍受,想必是对这稀少的雪的到来心存感激。感激什么?感激雪花让大家一起回到了童年,赤子之心毕现。

雪是美的,山是美的,鸟是美的,虫子是美的。按照一种新兴的环境美学观念,"自然全美",即大自然无处不美。

说全美,并不是讲其中没有丑的方面,而是强调,只要我们主体想发现美,就能在任何自然物中的各个层面、各个时间演进序列中找到美。若干人工物或许也有此特性,但比起大自然,要差得多。人工物因仓促而就(相比于自然演化而言),沉积的智慧与美丽就欠缺得多。人工物远不如自然物层次丰富、结构精致。

我们赞美大自然,并非认定自然美是纯客观的,完全归结于大自然本身。那是一种讲不通的老旧美学观。审美终究是在主体与客体组成的系统中完成的,那么美便是系统的一种特性,无法彻底还原为系统中某个部分。对于发现、欣赏自然美,主体与客体同样重要。在简化的意义上可以假定自然全美,而人类主体有为大自然立法,有赏评、把玩、开发甚至毁坏大自然的潜在能力。教化的目的是引导本能,导向符合环境伦理的可持续生存。

大自然的正常运行,是我们人类存续的必要条件,地球被视为盖娅(Gaia),即地母。地球这样的星球在整个宇宙中算不了什么,这个"暗淡蓝点"(可参见萨根的同名著作)完全可以忽略不计,但对于我们,它是唯一,它是全部。整个宇宙,是个界定不清的抽象概念;银河系、太阳系,小多了,但对绝大多数人依然是模糊的。大地,却是清晰可感的。须臾离开大地,我们就有不安全感。有人策划了"火星一号"之类可疑的星际移民计划,也有知名物理学家忽悠

300年后地球人不得不移民太空。不管其中有多少高科技、有多少人相信,我反正不信。根据我对达尔文演化论的理解,放弃家园地球,移民太空,只是个神话,目前是,在相当长时间的未来也是。

为什么要格外看重达尔文的演化理论?因为它是一项重要的博物学(natural history)成就。博物学构成当今自然科学四大传统之一,是普通百姓千百年来实际依靠的基础性学问,是科技之外人们借以感受、了解、利用外部世界的一种不可替代的古老方式方法。博物学依然是一种独特的way of knowing(致知方式)。近现代科学只有300来年的历史,而博物学的历史在千年的数量级之上。有位后现代者说"时间不是没有重量的",仿此也可以说得怪异些:"时间凝结着智慧。"民谚说"姜还是老的辣""不听老人言,吃亏在眼前"。

时代、时尚都在变化。在尚小装嫩的年代,"倚老卖老"已不合时宜。如今博物学在科学界并不吃香,与主流科技相比,它是表面化、肤浅的象征,甚至有些孩子气。科学界中的博物类科学在如今强调还原与力量的氛围下,也被日益边缘化。想在自然科学界为博物学争得空间、地位,难之又难,也不是我们的任务。

博物学过去、现在都不是自然科学的真子集,将来更是不可能。在当代科学日益抛弃博物学的现实面前,我们基于科学哲学、现象学、科学编史学、生态文明等多个角度的思考,义无反顾地选择了博物学,想把它恢复,想让百姓重新熟悉它、操练它。

博物学是什么?有什么本质?我们反对动不动就"本质主义"地理解某个概念。科学有什么本质?自古以来,科学一直在变化,不同地方的科学也有自己的一些特点,很难概括出几条不凡的、完全不变的本质来。博物学也是如此。博物学更强调多样性,亚里士多德、特奥弗拉斯特、张华、J.雷、徐霞客、格斯纳、G.怀特、郑樵、华莱士、达尔文、E.迈尔、J.F.洛克、威尔逊的博物学有共性,差别也非常大。A.威尔逊、E.H.威尔逊、E.O.威尔逊是同姓的知名博物学家,所做的博物学也有巨大差异。其实过去博物学是什么样,只有参考意义,学者可以不断研究、描写、建构。重要的是,博物学将来是什么样?

博物学的未来取决于我们的信念和行动。博物学在相当长的时间内,将延续传统,不断吸收人类各方面的成果(自然会包括来自科技界的成果),侧重于宏观层面感受、观察、记录、探究大自然,在个体与群体层面努力建立起与大自然的良好对话关系,求得天人系统的可持续生存。

普通百姓操作博物学,目的是什么?回答是:"好在!"即好好活着,快乐、幸福、美美地活着,同时减少对大自然的伤害。

商务印书馆以出版"高大上"的人文社科著作为广大读者所熟悉，如今又集合力量特别关注博物类图书的出版，这是十分喜人的动作。其实，出版博物类图书，在商务印书馆也有悠久的历史，只是后来一段时间内有所变化。现在馆内上下以坚定的决心出版引进版和原创博物学图书，对其他出版社也是一种示范和引领。

没有书，人们也能博物，但书的作用是显然的。中国当下博物学著作极为匮乏，既需要了解其他国家走过的道路、丰富的博物学文化而大规模引进域外作品，也急需一批反映本土特征、适合本地人使用的博物学著作。"多识于鸟兽草木之名"是普通公民进入博物天地的不二法门。多识，可以打听、琢磨、亲自实践，借鉴他人的经验、成果也是必要的。

培养博物爱好，可能需要一天，也可能需要一世。通常急不得，"慢"在博物学中有着与"快"同等甚至更高的价值。"静为躁君"，暗示的便是可以慢慢来，长远看，慢变量支配快变量（哈肯协同学的术语）。

博物过程的收获，行动者自己最清楚，重要的是自己和自己比，没必要跟别人比。

"杨柳依依，雨雪霏霏"，被认为是《诗经》中优美的句子，欣赏、体验它，需要心境，需要学习。此时，机场广播通知：因天气原因，航班延误。何时登机还不确定。

我得喝杯咖啡去。祝愿大家用好心情读商务印书馆的博物书,收获快乐!

(2015 年 11 月 6 日 10:30 于首都国际机场 T3 航站楼 C08 口)

13. 我博物，我存在

近代思想大家笛卡儿曾说："我思，故我在。"

喜爱大自然、热衷户外活动的人可能会说："我博物，故我在。"通过博物活动，我们知道自己真实存在，由博物我们得以"好在"。

我们并非存在于真空中，不能完全生活于人工环境中。"生物圈2号"的失败也间接证明，我们离不开大地盖娅。地球相当长时间内不得不是人类的唯一家园。鼓动移民太空的，要么不懂博物学，要么别有用心。

博物学着眼于"生活世界"，是普通人可以直接参与的一大类实践活动。博物学有认知的维度，更包含日常生活的方方面面，后者是基础，是目的所在。"博物人生"不需要不断加速，速度快了会导致多方面的不适应。这就决定了博物学不同于当下的主流科技。主流科技充当了现代性列车的火车头，而博物学不具有此功能，也不想具有此功能。不断进步、革新不是博物学的运作方式，博物学史研究对

"革命"也没那么多渴望。缓慢、平衡、持久才是博物学最在意的方面。

最近,博物学在中国稍有复苏的迹象,出版物多起来,争议也随之而起。许多人习惯于将博物学与科学或科普联系在一起,自然有一定的道理,但是在我看来,最好不要这样看问题。博物学与科学在漫长的过去,有许多交集但也有明显的不同,谁也没法成为对方的真子集。一些人是标准的博物学家,却无法算作科学家,反之亦然。科学、科普的目的,与博物的目的,可以非常不同(也有一致的方面)。相对而言,博物可以更随便一点、更轻松一点。但这并不意味着博物学等价于不专业,许多博物学的工作做得相当专业,不亚于科学家所做的工作。谁是博物学家?中文中称某某家,好像是件挺大的事儿,一般人不能称"家"。而英文中 naturalist(博物学家)的限制相对小一些,普通人士也可以称 naturalist。如果不想把博物学人为搞得过分学究气,许多喜欢博物的人都可以称为博物学家、博物家,只是不要太把"家"当回事。

20 世纪末,在多数人不看好博物学的时候,我们就看到了它的潜在价值,想复兴它,当然不只是盯着博物活动中的瞧一瞧、玩一玩,虽然简单的瞧和玩也极为重要。我们在哲学层面和文明演化的层面,选中了博物学!"我博物,我存在。"不是简单的句型练习,而是具有实质的内容,我们真的相信如此。通过仔细考察,我们发现博物活动既能满足人们的许多需要,特别是智力需求、审美需求,也是可持续的。而当今占主流的科技活动却是不可持续的,将把人类带向不归路。这种确信的一个重要理由是,博物学历史悠久,除了近代的个别疯狂举动之外,整体上在大部分时间内,它都是人类与大自然打交道的一种环境友好的、破坏力有限的学术和技艺。

我在一个科学编史学会议上讲"博物学编史纲领"时,同行、朋友柯遵科先生提出三点疑问:

(1)西方近代博物学与帝国扩张密切结合,做过许多坏事。

(2)博物学曾与自然神学相连,而自然神学令人讨厌。

(3)达尔文进化论的传播或者误传给人类社会带来了深重灾难,而进化论是博物学的最高成就。

这三点质疑说到了点子上,我当然早就充分考虑过,所以马上就能回应。首先,博物学与科学一样,都干过坏事,对此不能否定。不宜"好的归科学",也不宜"好的归博物"。资本主义扩张,中国是受害者,我们清楚得很。现在中国钱多了、搞经济建设,也不宜把周边的环境、资源搞得太差。现在,帝国扩张的时代已经基本结束,对话合作、和平发展是主旋律;对异域动植物及其他好东西的疯狂掠夺虽然现在还时有发生,但已经比以前好多了。历史上,特别是从 18 世纪末到 20 世纪上半叶,博物学干了许多坏事,但现在的博物学活动受法律和伦理的约束很大,即使是标本也不能随便采集,而且许多自然保育运动起源于博物学家的努力。当今有世界影响的大部分环境保护组织都与博物学(家)有重要关联,如英国的皇家鸟类协会,美国的奥杜邦协会、山岳俱乐部。这些组织开展的范围广泛的博物学活动,吸引了大批民众,推进了自然保护和环境保护。柯遵科的提醒当然非常重要,博物学工作者一定要牢记。现在,有一些博物活动依然在破坏大自然、糟蹋生命,这是需要努力克服的,要尽量减少伤害。

博物学中有一类可称为怀特(Gilbert White)博物学或阿卡迪亚(Arcadia)博物学,非常不同于帝国博物学。前者每个普通人都可修炼,也是应当提倡的。后者是一个特殊时代的产物,现在应当尽量避免。阿卡迪亚博物学的代表人物包括怀特、歌德、缪尔、梭罗、利奥波德、卡森等。而帝国博物学的代表人物是林奈、洪堡、班克斯、达尔文、E. H. 威尔逊等。自然,后者也做过一些好事,不可一概而论。

第二,以今日的观念看自然神学,当然觉得可笑、无聊。但是,历史上在自然神学的大旗下,博物学得以迅速发展,这与近代自然科学在基督教的庇护下得以做大做强,是一个道理。不能只承认后者而不承认前者。当然有人两者都不承认。自然神学为当时的博物学探究提供了价值关怀,这一点是可以"抽象继承"的。当今科学技术为何令人担忧、为何不值得知识界依赖？其中一个重要方面是其去价值化,智力与价值、伦理脱节。不是去掉了所有价值,科学技术也是价值负载的,这里是专指,指科技失去了终极的价值关怀。一些研究人员,不愿辜负了自己那点可怜的智力(注意不是智慧),给钱就做,争先恐后地与魔鬼打交道。在这样一种背景下,博物学适当强调人在大自然面前谦卑一点,有那么一点宗教情怀,可能不算坏事。敬畏、谦卑、感恩,恰好是当代人缺少的东西。过去的老账不能忘,也要考虑进行"创造性转换",可否把当年的自然神学改造一下为复兴博物学所用？中国的博物学并不涉及西方的自然神学,但类似的价值关照是有的,比如"天人合一"。这样的价值关怀是超越的,属于信仰层面,不可能在知性的层面严格论证。今日的博物学家,可以是也应当是有信仰的人,不能是给钱就做的人。

第三,达尔文的理论的确属于博物学成果,他和他的爷爷都是优秀的博物学家。达尔文的理论不宜称为"进化论"而宜称为"演化论"。这一理论的确属于博物层面的成果,是博物传统的成果。达尔文时代的人们不可能知道演化的具体机制,那时没有孟德尔的豌豆实验,没有基因概念,没有发现遗传密码,不知道碱基对。但达尔文竟然猜出了生命演化的基本图景,这相当了不起。

误解达尔文理论的危害远大于误解量子力学的危害。达尔文的理论虽然没有使用一堆数学符号和公式,文字表述也不复杂,但是非常容易被误解。主要原因是,读者阅读一种东西,不是空着脑壳而是带着时代的缺省配置(default configuration)而来的,人们以时代的主流观念加上自己的"洞穴"配置来解读达尔文平凡的文字,得到了想象中的世界图景。我在不同场合曾多次讲到达尔文理论的"三非"特征:非正统、非人类中心论、非进步演化。从 19 世纪中叶起,这三个特征都迅速被作了相反的确认。达尔文的理论一经出炉就在舆论上快速取代了当时的主流观念,成了正统(民众和当时的知识分子基本上理解不了达尔文的观念,其支持者也不完全同意他的观点)。但据科学史专家鲍勒(Peter J. Bowler)的研究,在 19 世纪几乎找不到几个人能够完整理解并认同达尔文的思想,虽然表面上大家都非常拥护达尔文。这类人中包括大名鼎鼎的赫胥黎(Thomas H. Huxley)。达尔文的名著发表 70 多年后,进入 20 世纪 20—30 年代,才有越来越多的学者真正理解并认同达尔文的"危险观念"。非人类中心论的思想超前几乎一个世纪,在当时及之后的百年中几乎被作了相反的理解,比如相当多的人以为达尔文的理论教导我们:人是进化的最高级阶段,世界向我们这个方向进化而来,人是进化的目的所在。这多少令人痛心,但也没办法,注定要经过相当长的时间

（可能还需要100年、200年或更久），读者才有可能理解达尔文的平凡观点。在达尔文看来，演化并不意味着进步，严格讲演化是没有方向的，演化是一种局部适应过程。

达尔文理论的误传导致的许多恶果，能否算在达尔文身上或者一般的博物学家的身上？宽泛点说，达尔文也有份，谁让他提出了人家不容易理解的理论啦！当然，这有些强词夺理。重要的是，我们要延续达尔文的事业，把博物学进行下去，让更多的人理解真正的演化论思想。以演化思想武装起来的公众通过广泛的博物活动，能够更加亲近大自然，更多地认同合作共生的理念，从而有利于生态文明的建设。

达尔文案例也充分表明，博物学成就并非都是"小儿科"。不下一番功夫，不改造自己的陈旧信念，博物学"肤浅"的理论也容易理解错。演化论是贯穿生命科学的一根红线，也是一切博物活动的思想基础，是否承认这一点是区分真假博物的试金石。我们想复兴的博物学与达尔文演化论是一致的。也不能把达尔文说的每一句话当作教条，实际上人们已经发现有些方面他讲得不对，但大的框架是不能动摇的。

关于博物学的过去和现在，有许多学术问题需要研究，但是相比而言，建构未来的博物学更为重要。我反对本质主义地理解博物学，要强调的就是不要固化博物学的特征，而要以开放的心态看待博物学概念。这样做也符合博物学发展的历史,历史上不同时代不同地域,博物学的特征相差很大。

如果说过去博物学中有些东西还不错,就应当继续;有些东西问题很大,就要考虑剔除。中外博物学有共性也有差异,需要多做研究,取长补短。

未来博物学什么样?谁也不知道,只能走着瞧。但是我们今日的努力,会影响未来博物学的模样。想像这一点并不难,却仍然需要判断力和勇气。

今日的博物学将引向何处,有多种可能性。如果任其自由发展,可能很好也可能不够好。我也鼓励所有博物爱好者自己尝试构造心目中的博物学。多样性是博物学的显著特点。大自然是复杂多样的,我们关于大自然的观念、与大自然的关系也应当具有多样性。容忍、欣赏、赞美多样性是修炼博物学需要学习的一项内容。

(2015 年 11 月 16 日于北京昌平虎峪,为北京大学出版社一套丛书写的序)

14. 博物：传统、建构与反本质主义

　　谈论博物学的忽然多了起来,就有人在追问:何为博物学? 针对此问题,按西方学术的传统习惯,要给出一种本质主义(essentialism)的揭示,要透过现象和命名找到数千年来不变的本质。一旦找到了,指给大家看:这就是博物学!

　　我本人反对本质主义的处理方式。即使宣布找到了背后唯一的本质,意义也不大。说博物学只对应于 natural history,而那是西方的玩意,于是就证明中国没有;而 natural history 的本性是 ABC,于是不符合 ABC 者就不是博物学。这样的学术没有什么吸引力。

　　博物或者博物学有悠久的历史,形成了人们多少能够感受到的一个传统。在科学史的意义上看,它构成了四大传统之一。什么叫博物学? 谁是博物学家? 通常,用举例的方式就可以避免混淆。比如针对什么是物理学,我们可以简单地说,如今物理学家所做的事情相当程度上属于物

理学。那么谁是物理学家呢？伽利略、牛顿、法拉第、麦克斯韦、爱因斯坦、杨振宁、吴健雄、费曼、威腾是物理学家。这样说话,不会有根本性误解,虽然听众中的普通百姓对于具体内容可能并不了解。阐释总是一层一层、一点一点做的,不可能也不需要一步到位。如果说这些人是化学家,恐怕就无法接受,即使挖掘一下,找出上述某人某时也做了化学方面的工作。

同样,我们可以简单界定博物学和博物学家。历史上博物学家做的事情相当一部分可以算作博物学。博物学家有亚里士多德、亚氏的大弟子特奥弗拉斯特、老普林尼、格斯纳、J. 雷、布丰、林奈、G. 怀特、奥斯贝克、拉马克、班克斯、达尔文、华莱士、E. 迈尔、缪尔、J. F. 洛克、利奥波德,R. 卡逊、J. 古尔德、E. O. 威尔逊等。在中国,有郦道元、沈括、徐霞客、郑樵、朱橚、吴其濬、竺可桢、潘文石等。这些人留下了许多博物学著作。论厚度,那是相当的厚!

除了共性外,西方历史上各时期博物学形态有差异,侧重点不同,所起的作用不同。中西博物学也不一样。在当下没有太大必要争论博物学究竟是什么,没必要过分在意中国古代有没有博物学。中国古代当然有博物学,但没必要与西方的一样。有人说中国古代有博物而无博物学!这看似很精细,实质是糨糊脑袋。按此逻辑,中国古代有植物,无植物学;有知识,无科学;有虫子知识,无法医昆虫学。

这样一直下去，有多大意思？植物学三个字连用是很晚的事情，是由李善兰确定的，由中国传到了日本。科学一词则是日本人用汉字翻译出来的。宋慈的《洗冤集录》讲述了用昆虫破案的例子，的确算不上全面系统的法医昆虫学（forensic entomology），但无疑是这门学问历史发展中的重要典型，已得到世界公认。反过来，也可以质问，西方化学在拉瓦锡之前是什么？当然还是化学，但与如今的化学差异太大，以至于那些著作拿出来现代人看不懂。

说中国古代无博物学，那么中国古代还有什么？在我看来中国古代的学问极为丰富，但主要是博物层面的。用"国学"很难全面代表古人的文化遗产。

本质主义是西方哲学的重要特色，在一定程度上有道理，但不可乱用。西方人也并非都信本质主义。马克思是西方人，他也反对本质主义，后现代主义者更不用说了。

博物学近些年在中国有复兴的迹象，对复兴的程度各有看法，但对于其中的博物学是否存在，恐怕不必仅仅根据词源、有限资料得到"唯一真理"。从建构论的眼光看，博物学在历史上存在过，似乎也没有完全中断，每个时代都在建构不同特色的博物学。此时，我们发现博物学还有趣，还想复兴它。怎么做？翻旧账，纠缠于语词的考证，当然也是必要的，但绝对不是最重要的。在指称相对清楚的情况下，重要的是利用各种条件，建构我们喜欢的博物学。

建构从来不是胡来，必须依据传统，传承过去，还要考虑现实，增加新内容，删减旧内容。

现实是什么？是人类走到了 21 世纪，以近现代科技为基础的工业化的现代文明持续了一小段时间便遇到了重大难题。在中国，现实就是中国已经开始步入小康社会，我们也面对一系列的麻烦。

在这样的现实基础上，博物学是什么？没有现成的东西，必须自己建构。"博物"拼音写作 BOWU，我作如下发挥，请大家批评。

B：Beauty（美丽），天地大美，自然全美。

O：Observation（观察），乾坤生意，体察入微。不限于科学家的观察、实验。重要的是百姓自己去观察、去判断。

W：Wonder（惊奇），感受惊奇，童心聪慧。

U：Understanding（理解），寻求理解，互利顺生。

一个不可回避的问题是：博物学是不是科学？我的回答是，无所谓。为了少惹麻烦，最好直接说不是科学，跟科学也不搭边！

这当然是一种策略了，以守为攻。

当人们问某种事物是不是科学时，相当于问那东西有用吗、有力量吗、政府重视吗、企业家在乎吗？当你考虑一番后胆怯地回答"有那么一点"时，结论就很明显了："不要再浪费时间了，有精力就做科学去，唯有科学才是理性的化身!"其实,在现实中,科学也没用,也没力量,政府也未必在乎,只有转化一下才可能有用。此处不讨论这个分岔。

按我的用法外推,历史上的各种博物学也不是科学。不是科学,博物学也做得有滋有味。再推下去,可以得出结论:历史上根本没有科学,因为发问者理解的科学是现代教科书中的科学,而历史上它们从未出现过。荒唐的不是我的用法和推论,而是隐含在质疑中的科学观念、编史观念甚至文明观念。

我们设想着建设生态文明,博物学有可能发挥重要作用,而且不必走"好的归科学"的路子。说到底,当代科学信誉也不佳。纵然博物学与科学有交集,也不必勉强投入怀抱。那样做是自取其辱,也可能坏了博物的名声。

那么,科学上的进展博物学要不要用?不用是傻子。要批判性地使用,正如科学对于博物学所做的那样。

(《中华读书报》,2015 年 11 月 11 日,第 16 版)

15. 推出"新博物学丛书"的用意

经济发展到一定程度,人们对博物学的需求自然会增强。现在世界上经济发达的国家中,博物学无一例外均很流行,博物类图书品种多样、定价不高(印数大,成本就降下来了)。中国也正在向小康社会迈进,理论上博物学和博物类图书也会有不错的表现。但博物学在中国的"复兴"不会自动到来,需要大家做细致的工作。多策划出版与博物相关的著作,是延续历史、引导公众博物实践的好办法。一阶博物需要与二阶博物配合起来,后者需要学者做出贡献,从理论、历史、文化甚至社会组织的角度阐发博物学文化,从而更好地引导一阶博物实践。打个比方,简单地讲,一阶工作相当于场下踢球,二阶工作相当于场外评球和教练指导。

译 名 与 辨 义

博物学属最古老的学问,世界各地都有,它包含大量的本土知识和未编码的知识。前面用到"复兴"二字,也是暗示中国古代并不缺少博物的实践和文本。相反,我理解的中国国学应当包含大量的博物内容。中国古代的学问,绝大部分属于博物的范畴。这有不好的、无用的一面,也有好的、有用的一面。长期以来学者更多地看到了其不好的、无用的一面。

现在讨论国外的博物学,少不了要考虑名词的对照。对应于"博物学"的英文是 natural history,它来自一个拉丁语词组,又可追溯到一个古希腊语词组。其中 history 依然与古希腊时的古老用法一样,是描述、探究的意思,没有"历史"的含义。亚里士多德的《动物志》(*Historia Animalium*),其大弟子特奥弗拉斯特(Theophrastus)的《植物研究》(*Historia Plantarum*)均如此。直到今天,英语 history 也仍然保留了"探究"的义项,也就是说不能见了这个词就顺手译成"历史"。

在培根(Francis Bacon, 1561—1626)的年代,情况更是如此。比如培根用过这样的短语 natural and experimental history,意思是自然状况下的探究(即博物层面的研究)和实验探究(大致对应于后来的控制实验研究)。在这两类探究的基础上,培根设想的 natural philosophy 才能建立起来。而 natural philosophy 大致相当于他心目中真正的学问或者科学,严格地讲也不能字面译成"自然哲学"。在培根的《新工具》

94

中,natural history 共出现 19 次,natural and experimental history 共 3 次,natural philosophy 共 23 次,natural philosopher 共 1 次,natural magic 共 5 次,science 共 102 次。如今个别人把 natural history 翻译成"自然史",不能算错,但有问题。一是没有遵照约定俗成的原则,在民国时期这个词组就被普遍译作博物学了。二是涉及上面提到的问题,即其中的 history 并不是"历史"的意思。北京自然博物馆(Beijing Museum of Natural History)不能叫作北京自然史博物馆;上海自然博物馆(Shanghai Natural History Museum)不能叫作上海自然史博物馆;伦敦自然博物馆(Natural History Museum, London)不能译作伦敦自然史博物馆,但可以译作伦敦自然探究博物馆,只是啰嗦了点。

当然,并非只有中国人对这个词组有望文生义的问题。斯密特里(David J. Schmidly)在《哺乳动物学》杂志上撰文[①]指出:

> 人们接触 natural history 的定义时,马上就碰到一个问题。这个问题是,natural history 中的 history 与我们通常设想的或日常使用的与"过去"相联的这个词,很少或者根本不搭界。当初用这个词时,history 意味

---

① *Journal of Mammalogy*, 2005, 86(03): 449-456.

着"描写"(即系统的描述)。以此观点看,natural history 是对大自然的一种描写,而 naturalist 则是那些探究大自然的人。这恰好是历史上人们对博物学的理解,本质上它是一种描述性的、解说性的科学。

此外,又有国人指出,博物学是日本人的译法,所以最好不用。日本人的确这样翻译,但这并不构成排斥它的重要理由。现代汉语从日本人的西文译名中借鉴了大量的词语,比如伦理、科学、社会、计划、经济、条件、投机、投影、营养、保险、饱和、歌剧、登记等,其中许多甚至是今日中文媒体上的高频词。谁有本事,不用"科学"和"社会"这样的词,我就同意放弃"博物学"这样的词!

说到底,翻译常常是从本地文化中寻找意思相近的词语略加变化来指代外来词语。中外名词对照是约定的,只有相对意义,翻译是近似"可通约的"。我并非主张 natural history 只能硬译成博物学,根据上下文也可以译作博物志、自然志、自然探索、自然研究等,甚至译成"自然史"也没什么大不了的,只要明白其中的道理即可。

动 机 与 策 略

我关注博物学有科学哲学的考虑(涉及改进波普尔的

"客观知识"科学观、博物致知、波兰尼意义上的个人知识等)、现象学的考虑(涉及胡塞尔生活世界现象学与梅洛-庞蒂身体现象学)、科学编史学的考虑(涉及博物学纲史纲领),也有生态文明建设(涉及人类个体与大自然的对话、伦理上和认知上认同共生理念等)的考虑。别人关注博物学,可能有其他的考虑。博物学具有相当的多样性,人们对博物学的看法也千差万别。这都很正常,不妨碍反而有利于当下博物学的复兴。

博物学与科学显然有交集。历史上大量的例子可以印证这一点。但是,博物学与科学的指称、含义、范围,从来不是固定的。不同的研究者,依据不同的理念、编史纲领,可以有不同的界定和划分方案。有人认为博物学只是科学的初级阶段;发展到后来,博物学成为科学的一部分,当然是不太重要的一部分。我无意完全否定这些想法、方案,但我不愿意用这套思路看问题。

在我看来,博物学与科学的确有密切关系,但从来没有完全重合过,过去、现在如此,将来也不可能。博物学也不是科学的真子集,实际上不是、理论上也不是。人们可能喜欢把一些博物的内容算在科学的大旗下,这不过是科技强势后人们的一种本能习惯。这与把科学视为博物名号下的活动一样,有缺陷、令人难以接受。就当下的形势而论,博物学与科学相比,显然前者无用、弱小、肤浅,我更愿意把博物学大致定位在"科学边缘一堆东西"。用词不雅，并不意味着我不看重它，相反我认为它非常重要、想做各种努力复兴它。博物学处于边缘，那是因为科技与现代性为伍、相互建构，边缘不可能与主流争宠。如果博物学在今天已经是主流，我犯不着再积极为之呐喊。还有人喜欢把博物算作"科普"的一种形式，我更是不以为然。两者的动机、目标差别较大。但我不反对从博物的眼光改进疲惫的科普，甚至认为主流博物类科学应当优先传播（因为它们与百姓日常生活关系密切）。科普在当下政治上正确，在年轻人看来却可能与时尚无缘。而博物却越来越可能成为一种时尚！这种大格局不是某些人能够完全改变的，当然在细节上可以做点花样，稍稍改变一下速度。

我主张博物学与科学适当切割。这一主张曾在一些场合报告过，有反对者也有支持者。反对者认定我拒斥科学、与科学对着干，其实是误解了我的动机。我讲得非常清楚，博物学的发展必须广泛吸收自然科学的成果，对新技术也要多加利用，比如因特网和无人机。但是，运用科技成果，并不意味着要成为科技的一部分，不意味着要受人辖制。比如，文学、美术也要用到科技，但它们没必要成为科学门类下的东西。博物学涉及的自然知识相对多一些，但也没必要成为人家的仆役、偏房。博物学要运用科技，同时也要批判科技！这不矛盾吗？的确有矛盾，但是这样做是合理的、必须的!

适当切割的好处是,切割可以保护弱者。阿米什人如果不采取与"外界"适当分离的策略,他们独特的文化早就灭亡了。博物学与科技关系更密切,如果不适当强调自己的独特性,就会被同化、取代、消灭。就获取知识而言,科技被认为是最有效、最有组织性,依据向下兼容的推测,博物学就没有独立存在的必要了。而我们的看法并非如此。博物学中相当多的部分不可能划归为科技,一方面是科技不喜欢它们,另一方面博物学家也可能不愿意凑热闹、与狼共舞。哪些部分不能划归? 太多了,无法一一列举。博物学很在乎一些主观性较强、情感上的东西,而它们不大可能被科技认可。博物学非标准化的致知方式(ways of knowing)也与科学方法论相去甚远。博物学的动机、目标与当代科技差别很大。

切割也能降低准入门槛。在现代社会,科技是一类特殊的职业,从业者需要接受专业训练,通常要有博士学位。而博物学不可能也不需要这样。郊游、垂钓、种菜、逛集市、观鸟、看花、记录花开花落、"多识于鸟兽草木之名"等都是博物学活动,人们非常在乎其中的情感与体验。一般不能说这些是科学活动。大致说来,博物学家可分为职业和非职业两大类。前者更专业些,靠博物类工作吃饭;后者则不是这样。前者与科学家身份较接近,甚至就可能是科学家,也有不是的(比如从事自然教育的专业人士);后者大部分是普通百姓。普通百姓从事博物学,不一定就不专业,也可以非常专业,甚至比职业科学家还专业。普通人可以舍得花时间,仔细琢磨自己喜欢的东西,而且心态平和,不必总想着弄经费、用洋文发 paper(论文)。

适当切割后,博物学成为普通公众了解世界的一个窗口,强调这一点非常重要。人们不能把赌注都押在某一绩优股上。这样讲并不是说普通公众可以不理科技了,只相信自己那一点可怜的东西。不是这样。而是在兼听各种声音(包括科技)的基础上,公民修炼博物学可以有自己感受、理解大自然和社会的另类(也可以说是特别的)进路。公民在综合了这些信息后有可能对事态、事件作出一个行为主体(agent)的独立判断,而不是事事、处处只听权威的。

降低门槛后,博物学将成为普通公民的一种重要的娱乐方式、认知方式、生活方式、存在方式。笛卡儿说"我思故我在"(*Cogito ergo sum*, I think, therefore I am)。仿此,可以讲"博物自在":通过日常博物,"我"知道自己存在,"我"设法"好在"。

最近国内许多出版社开始对博物题材感兴趣,这是好事。但也不宜一窝蜂上马,一定要讲究速度和节奏。湖北科学技术出版社何龙社长跟我谈起出版博物学图书之事,我曾建议先从英国柯林斯出版公司的"新博物学家文库"

（The New Naturalist Library 也称 The New Naturalists）中选择
一部分引进，这是一种简便的方法。毕竟人家坚持了半个
多世纪才出版了一百来部精品博物学图书，原作的质量是
有保障的。当年许多读者如今已经成为世界上知名的科学
家，这套图书影响的自然爱好者不可胜数。条件成熟时，中
国的出版社一定要推出国内原创的、中国本土博物学著作。

（2015 年 11 月 10 日，为湖北科学技术出版社"新博物
学丛书"写的总序）

16. 在中国"诺奖"可遇不可求

穷人有时怕别人说自己穷，没有自信的族群也怕别人说自己没文化。中国的科技已经有很大的发展，有许多可以骄傲的地方，但许多人仍然不自信、无自性。来个诺贝尔奖，是许多职能部门的共同意思。这个奖或许可以证明中国的科技能力和科技管理能力。但是越想得到的东西可能越不容易得到，不太在乎时，宝贝反而可能不期而遇。

一、"炸药奖"重要也不重要

诺贝尔奖在中国民间，特别是在网络语言中，有个形象的俗称——"炸药奖"。它有两个含义。

第一，诺贝尔奖的设奖人诺贝尔是研究烈性炸药的；炸药的隐喻意思是，"敲开"自然的脑壳，令其展现出分子、原子、电子、质子、光子、中微子、夸克、基因、DNA、碱基，等等，从而从大自然获取或者分享"权能"（power），即力量。弗朗西斯·培根说："科学的真正的、合法的目标说来不外乎是这样：把新的发现和新的力量惠赠给人类生活。"[1]他还说："凡值得存在的东西就值得知道，因为知识乃是存在的表象。"[2]培根还喜欢使用性隐喻，"我邀请大家走过自然的外院，找到一条通过她内室的道路。自然可能怕羞，但她能被征服。当自然游荡时，你必须像猎狗一样地跟随她，如果你愿意，你将能引导她，驱赶她回到原地。"[3]从培根再到伽利略，近代自然科学的工作方式已经比较明确，数学方法和实验方法紧密结合，被不断证明是产生前所未有高效率的一种组合。到了19世纪末和20世纪，自然科学已经有了成百上千倍的能力、方法、手段，强迫自然女神露出真容。

第二，炸药威力很大，有轰动效应。每年的诺贝尔奖颁奖都是十分隆重的事情，获奖者一生的命运可能由此发生转折，虽然得奖有时要靠运气和运作[4]。既然某些人当了院

---

① 培根：《新工具》（许宝骙译），北京：商务印书馆，1984年版，第58页。

② 培根：《新工具》（许宝骙译），北京：商务印书馆，1984年版，第93页。

③ 转引自曹南燕，刘兵：《女性主义自然观》，《自然哲学》第2辑，北京：中国社会科学出版社，1996年版，第500页。

④ 弗里德曼：《权谋：诺贝尔科学奖的幕后》（杨建军译），上海科技教育出版社，2005年版。

士就可以不做科学却可以对多种事务以科学权威的面目到处发表高见，诺贝尔奖得主当然有理由成为明星人物，在地球村上以贵客的身份走来走去。这在世俗文化中原本正常，比如歌星在各地活动未必总是一路唱着，有时不务主业（即不唱歌）、客串他行反而更受歌迷欢迎。

在美国，对于若干所大学，仅仅一所学校就有六七人甚至更多人得过诺贝尔科学奖，比如伊利诺大学（UIUC）、加州大学伯克利分校。物以稀为贵，诺贝尔奖虽然重要，由于近十几年美国人得此奖已不算是太离奇的事件（如果某一年，美国人不得奖反而成了意外），人们对待英雄也就不会太出格。在全部诺贝尔奖中，中国人比较看重科学奖和经济学奖。不过，到2007年为止，中国大陆的人士仍无一人获奖。若干年来，渴望、预言、焦虑、反思接踵而来，在诺贝尔奖设立100年之际，国人对得奖的企盼曾达到过一个小高潮，CCTV还制作了大型系列电视片。

中国大陆学者何时得奖？这是件事情，但不是唯一重要的事情。科学本身一直在活动，用"日新月异"描述，实不为过。中国的科学也在进步，也许在不久的将来，诺贝尔奖对于中国人来说就会不期而遇。另一方面，未得诺贝尔奖，并不表明成就不够高，以"杂交水稻之父"袁隆平和生物多样性专家威尔逊（E. O. Wilson）为例，他们的工作非常重要，但是理论上他们不大可能获得诺贝尔奖，这是由诺贝尔奖的评奖范围决定的。

二、做科学与侃科学

以上的讨论,涉及关于科学的二阶性(second order)的东西。什么是一阶和二阶呢?

我国著名诗人卞之琳(1910—2000)在《断章》中写道:"你站在桥上看风景,看风景人在楼上看你。明月装饰了你的窗子,你装饰了别人的梦。"诗前半部分中的"你"的行为和"看风景人"的行为就属于不同的层次,如果把前者定义为一阶,则后者为二阶。以踢足球和看足球、侃足球来类比,会更清楚些。踢足球是一阶行为,看足球、侃足球则是二阶行为。甚至可以说足球运动是由这两部分组成的,光有人踢球而没有球迷,这项运动很难开展,赞助商至少不会那么感兴趣。但反过来,光说不练,运动员水平较差,经过多年努力,最后连冲出亚洲都成了困难,这时,足球很难调动国人的热情。读者身边也许就有许多足球"专家",侃起球来头头是道,但自己真上了场子,也许笨得要命。

科学家做科学对应于一阶行为,而科研管理从业者、科学社会学家、科学知识社会学家(即SSK学者)、科学史家、科学哲学家等做的都是二阶的工作。

科学越来越成为集体奋斗的事业,单枪匹马做科学(不包括数学)的时代已成过去,当科学从小科学发展成大科学("大科学"是一个科学社会学概念),人们关注、研究二阶科学事物是理所当然的,学院里也出现了以科学元勘(science studies)为定位的研究岗位,甚至美国国家科学基金会(NFS)还专门资助这类研究。如今科学元勘方面的专著、论文产量甚高,向人们展示了自然科学丰富多彩的画面,足以说明科学是有文化的、科学事务和过程与人类其他任何事务一样充满了各种两分法的每一侧面。

把科学、科学家作为对象进行观察、研究甚至拷问,是允许的,有收获的,但是,我们(特别是年轻人)也不要拒绝亲近科学家、尝试做科学家。

"回到一阶"(back to the first order),对于多数人重温科学发现的快感,对于我们欣赏大自然的诡秘、壮丽,甚至达到巅峰体验,可能有不可替代之处。

科学是重要的,从根本上说是人类知识中、人类文化中最有力的杠杆。对这样的事物,人们不可能只从某个层面、某几个层面去观察、欣赏、探索、反省,就会止步,就会满意。

三、科学塑造人类历史

本丛书带领读者重返科学发现的过程,这是一种全方位的智力、正义感和人格的训练。黑格尔曾说过,了解哲学的好办法是学习哲学史,科学也是如此。通过阅读教科书上高度深缩的自然科学原理,再做点习题和实验,就想了解作为一种文化、一种传统的自然科学,是很不够的。以各种方式接触科学史,是了解科学的必经之路。

不过,历史从来都是后来人以某种视角撰写的历史。观念不同,写法会非常不同。

科学以及科学的发现史是有趣的,令人兴奋的。科学史如同明星史一样充满了各式"八卦"。八卦也是文化,不信这种八卦则可能信了另一种八卦。我们的出发点不是彻底摆脱八卦,而是欣赏它,用自己的判断力分析它。

科学的发现是智力上的挑战,欣赏发现的过程也是一种智力训练。事后重温科学发现,包括归纳其中的方法,也包括评价成果的运用和影响。

"所罗门宫"(培根在新大西岛中所设想的科学研究机构)中的科学家所遵循的方法是严格的,科学研究的成果是坚实的,有效推动了社会前进。不过,现实的科学处于社会系统的包围之中,从来不存在独立的、边界清楚的叫做科学和技术的事务。

科学应当得到传播和广泛应用,并造福于全体人类。历史上许多科学家自己就常常热衷于传播科学,并且是这方面的高手。今天,科学传播是极为广泛的事业,其重要性不亚于科学原创。科学传播至少可分作科学共同体层面的传播和面向公众的传播。前者有"同行评议"（peer review）制度把关，后者则有更多种模型存在，如中心广播模型、欠缺模型（也译作缺失模型）和对话模型，等等。不同模型反映了不同的立场和利益，只用一种模型是不够的。"情况可能是，科学家让公众知道的只是他们认为合适的信息。这些信息是不是服务于公众利益全凭科学家的伦理和政治观点。"①

当今的科学已与政治、经济、伦理、文化交织在一起，1999年世界科学大会宣言强调了"社会的科学为社会服务"的庄严承诺：

> 从事科学研究和利用从中所获得的知识，目的应当始终是为人类谋福利，其中包括减少贫困、尊重人的尊严和权利，保护全球环境，并充分考虑我们对当代人和子孙后代所担负的责任。有关各方均应对这些重要原则做出新的承诺。应当做到有关新的发明和新开发的技术的一切潜在的用途和后果的信息都能自由地传播，以便以适当方式就伦理问题展开讨论。②

---

① 麦茜特：《自然之死》（吴国盛等译），长春：吉林人民出版社，1999年版，第200页。
② UNESCO的世界科学大会（WCS，布达佩斯，1999年），《科学和利用科学知识宣言》，见《怎样当一名科学家》，北京理工大学出版社，2004年版，第75页。

科学与世界和平之间有着重要的相关性。我们不要把公众对科学权能的担忧，看成是无知民众对理性之代表的无理要求、限制。有责任感的科学家在这件事上与民众站在了一起。在这件事情上，不是有知识和无知识之分，不是理性和非理性之分；而是有责任感和无责任感之分，是有道德和无道德之分。帕格沃什会议的《维也纳宣言》指出：

> 我们认为，世界各国的科学家均有责任，通过让民众广泛理解由自然科学之史无前例的增长所带来的危险和提供的潜能，而在民众教育方面做出贡献。我们吁请各地的同行，通过启发成年群体或者通过教育正在到来的后代，而为此不懈努力。特别是，教育应当强调改进人与人之间的各种关系，并且在教育中应当消除任何形式的对战争和暴力的夸耀。科学家，因为具有专门的知识，更有条件提前获悉科学发现带来的危险和潜能。因此，他们对于我们时代最紧迫的问题，具有专门的本领，也肩负特别的责任。①

在此份宣言上签名的著名科学家有 70 位，如玻哥留波

---

① 第三届帕格沃什会议，科学家的责任，《维也纳宣言》第 7 部分，1958 年 9 月 19 日通过。London Pugwash Office 的 Sally Milne 提供英文复印件，刘华杰译。

夫、罗素、玻恩、鲍林、维格纳、汤川秀树等。他们中的许多人是诺贝尔科学奖得主,帕格沃什会议作为一个集体也于1995年获得诺贝尔和平奖。

本丛书虽然不讨论诺贝尔和平奖,但我们应当注意到诺贝尔科学奖、经济学奖与和平奖之间也有关联,获奖人员也有交叠,而它们所反映的现实事务更是具有内在联系。

(2007年受邀为某出版社的一套"诺奖"丛书撰写的序言。可能因观点另类,最终未被采用)

17. "看风景人在楼上看你"

　　《科学编史学研究》是刘兵教授及刘门弟子关于科学编史学（historiography of science）即关于如何研究科技史、如何撰写科技史的最新成果，从中能够了解到女性主义、后殖民主义、地方性知识、社会建构论、文化相对主义以及博物学与科技史研究之间的关联。在官方教育体系中，我国共设 13 个学科门类 110 个一级学科。在分类上，科学技术史（代号 0712）与数学、物理学、哲学、政治学、生物学、临床医学、冶金工程、土木工程、应用经济学等地位相当，是一级学科。此书的出版对于此一级学科的建设具有实质性贡献。国内外探讨科学史理论的著作本来就少，探讨前沿进展的更少，许多科技史、科技哲学硕士、博士学位点培养研究生做科技史研究苦于找不到合适的教材，这样一部著作对于长期重实践轻理论、缓慢发展的中国科学技术史学科来讲有着特殊意义。

　　下面的讨论中，为叙述简洁，文字上对"科学"作广义指代,"科学"包含技术、医学与工程。

如果把一线科学家的研究视为一阶探索,那么科学哲学、科学史、科学社会学、科学传播学、科学政治学等便是二阶探索,而科学编史学则属于三阶探索。这样讲有人不懂,我便想到了卞之琳先生的一首诗:"你站在桥上看风景,看风景人在楼上看你。明月装饰了你的窗子,你装饰了别人的梦。"这里,"风景变幻"属于一阶,"你看风景"属于二阶,"楼上人看你"属于三阶。理论上,阶数和从业者数量不同只反映分工不同,并不意味着价值和地位的高低,好比下场踢足球的与教练、足球评论员各有各的工作一样。小说评论家、影评者、足球评论员可能还不少。但针对科学,就业数量倒是依阶数的升高而降低,这在情理之中。难以想象一个国家中科学家少于科学史家、科学编史学家。

在中国,新中国成立后到 2014 年,在科学史领域已有四代学人登上舞台,举例说来,相关谱系为席泽宗—江晓原—钮卫星、许良英—刘兵—章梅芳,江晓原、刘兵算是第二代,而钮卫星、章梅芳所带的研究生(第四代)也已走上工作岗位。

刘兵在一个就业面极窄的领域——科学编史学中辛勤耕耘已有二十余载,身份也从学生、讲师变成了副教授、教授。除此之外,刘兵在物理学史、科学传播学、科学文化、性别研究等领域亦能纵横驰骋。在我看来,刘兵在中国无疑是科学编史学最权威的学者,其《克丽奥眼中的科学》是经典之作,我名下的学生必须阅读此书,时间恰当的话,还要让他们到课上亲自听刘兵讲授。多年来,刘兵培养了大批弟子,仅2014年岁末的一次聚会,"刘门"弟子就有30余人到场。当然,其中做科学编史学研究的只占少数。

做科学编史学研究的确不需要太多人,但这并不意味着它不重要。

科学编史学对于科学史专业训练极为关键。需要强调,科学史工作者应接受科学编史学的训练,这对于扬弃朴素的科学实在论(scientific realism)、历史实在论有帮助,避免成为"科学真理教"的帮凶。说到这,马上会有人质疑:"我做科学史N年了,论文、论著发表了一大堆,却从来不曾关注科学编史学!"言外之意,科学编史学的用处不大。我不能认同这样一种论调。不关注甚至反对科学编史学,并不等于当事人没有科学编史学立场,很可能他/她取的是一种"缺省配置",而这种配置对揭示丰富的历史场景可能是有问题的。就像某些工人不懂得也不关心政治学,但不等于工人看问题没有阶级立场。

科学史研究、写作受理论影响,门外汉理解不了。一般历史的研究或写作与立场、视角有关联,这似乎比较容易理解。比如荷马写特洛伊战争与维吉尔写特洛伊战争就有所不同;对于三国史、抗日战争史、文革史、世界美术史,不同的人来写会有很大差别。读者相信谁呢？谁更把握了历史真相？择善而从之？不清楚谁更善！对普通人，这些事通常不需要争论。对于学者，要从容研究，尽可能了解各家的说法，然后得出自己的理解。最终，都是由读者自己去判定，尽管作者可以宣传自己做得最好，自己的作品代表了或者接近史实。有的人自己不思考，喜欢听别人讲故事。思考不思考是相对的，说极端点，我们每个凡人都在听不断改写的历史故事。其实，真相、事实、史实不是事先给定的，而是事后建构的，每个人都生活在某个虚拟的"话语建构球"中。需要立即补充的一点，"建构"本身是中性词，是主观与客观的融合，不能只还原为主观；建构不是胡来，要讲道理。不能一听建构就急了，就以为要否定历史事实、客观真理（学者最好少用这样的词汇）。

在某种意义上可以去掉关于"真相""事实""史实"之类的用词，因为理论上这并不关乎学术研究的可信性，保留它们的唯一好处是符合日常语言的朴素理解，偶尔也会给自己壮胆！当某种实在论和某种工具论（instrumentalism）具有相同的解释力时，作为学者应当尽可能选择工具论，因为这样显得谦虚一点，一定程度上可避免独断论，也为自己学说的日后修订留有了余地。

科学编史学与哲学观念深度耦合。对于科学史工作者，经验论、唯理论、实在论、工具论、建构论、相对主义、绝对主义等讨论并非无聊的哲学吵闹，因为这涉及如何看待当下的科学、历史上的科学。长期以来，自然科学被认为是比较特殊的人类文化的一部分。其实跟悠久的人类历史相比，这仍然是短时间内的事情。早期的科学史研究多多少少把自然科学看作非常特殊的事物，甚至认为它是唯一显示出进步的人类事业，这些学人自然非常在乎科学的认知内容及科学知识的单向演化，喜欢把科学从社会历史环境中剥离出来考察（这跟科学内部的一个传统"控制实验"的思路比较接近），实证主义、实在论的影响不可避免。内史派与此是相关的，这一学派的研究当然也有突出的成就。后来，外史派兴起。发展到现在，很难找到极为典型的单纯内史和单纯外史的研究进路了。在科学知识社会学（SSK）之后，内史与外史之分在理论层面已经完全消解，因为在大科学时代，科学与社会（广义的理解，包括经济、政治、习俗等）是分形交织的（fractally-woven），"你中有我、我中有你"。一旦得到这样一种本体论意义上的猜测，回过头来，从分形的角度看历史上的科学，竟然也是有启发性的：其实过去的科学，也是与社会交织的，只是没有现在这么明显。

在剧烈变动的经济大潮中，总体而言，科学编史学是无用的学问，对于少数人也有点用。根据我的体会，了解一点科学编史学的进展，科学史便与文化史、社会史、政治史、生活史打通了;借用摄影操作来叙述,存在这样几个方面的具体作用:去遮蔽,加滤镜,换视角,变焦距。相关效应,古人(王安石、杜甫、苏轼、韩愈等)实际上都有体会,比如:"不畏浮云遮望眼,只缘身在最高层""荡胸生层云,决眦入归鸟""横看成岭侧成峰,远近高低各不同""天街小雨润如酥,草色遥看近却无"。

这四个方面的操作决定了科学史工作者能看到什么。于是,离真理更近了,看到了更多的真理? 不敢也不应该那样想,那样想又回到了从前。不过,科学史会变得丰富起来,科学变得有人味了、有文化了。其实,科学本来就有人味、有文化,只是曾经被人施了魔咒而变没了。有意识地学习科学编史学,能够判别某种科学史写得好与不好;更进一步,会解放自己,看到不一样的世界、不一样的历史、不一样的科学。

(2015 年 1 月 1 日于北京西三旗,为《科学编史学研究》写的序)

18. 坚持传统的阿米什人

毕其玉翻译的诺尔特（Steven M. Nolt）的《阿米什人的历史》①（*A History of the Amish*）是讨论阿米什（the Amish）的历史特别是宗教史的优秀著作，适合于人类学、社会学、文化学、宗教学、历史学、科学传播学领域的学者阅读。本书对于中国人了解阿米什的起源、宗教信仰、生存智慧，建设我们自己的和谐社会、生态文明等，都极有帮助。

何谓阿米什？他们是由欧洲移民美洲、有着坚定信仰、自愿过着俭朴生活的重洗派（Anabaptists）教徒及其家属，总人口数大约 20 万。

在媒介如此发达的今天，普通中国人听说过阿米什并不奇怪，从电视和因特网上容易看到《证人》（*Witness*）及《阿米什的恩典》（*Amish Grace*）这类电影。报纸杂志介绍阿

① 诺尔特：《阿米什人的历史》（毕其玉译），武汉：湖北人民出版社，2015 年版。

米什的文章也多了起来,比如庞旸的"乐园镇的阿曼什人"(1999)、丁林的"少数人的权利"(2002)、邹德浩的"生活在另一个世纪的阿米什人"(2003)、林达的"阿米绪的故事"(2006)。我自己也写过相关杂文"倾听驻足者的低吟"(1999)、"难忘阿米什"(2000)、"阿米什与现代化"(2004)。如果本书的读者从来没听说过阿米什,那么在谷歌搜索引擎中输入"Amish"或"阿米什",立即能找到许多有用的材料。

不过,坦率地说,1999年以前我从未听说过阿米什,因为没有人告诉过我,当时的阅读范围也没有覆盖到相关主题(后来发现,房龙的《宽容》中是谈到阿米什的,只是当初作为大学生的自己阅读不仔细,视而不见)。1999年4月10日,我参观了美国伊利诺伊州的一个阿米什社区,感触甚大,阿米什这个案例对于解开我当时的诸多学术困境太重要了。我立即查找资料,恶补关于阿米什的基本知识。在美国,一些不迷恋高科技、甚至不用交流电的人,竟然能够生存下来,而且活得非常体面。这很反常,自然也极有启示意义。

我用了半年多的时间阅读有关阿米什的书,包括霍斯泰特勒(John A. Hostetler)的《阿米什社会》(*Amish Society*)、克雷比尔(Donald B. Kraybill)的《阿米什文化之谜》(*The Riddle of Amish Culture*)、戴克(Cornelius J. Dyck)

的《门诺会历史导论》(*An Introduction to Mennonite History*)，以及尤德（Joseph W. Yoder）的小说《阿米什的罗莎娜》(*Rosanna of the Amish*)，进而了解到他们的历史，他们的宗教信仰，他们对教育的看法，他们对疯狂现代化进程的智慧应对策略。特别是，还了解到广告大师奥格威（David Ogilvy）对阿米什的看法，其自传中有一章讲阿米什，那一章的标题是"广阔的乡村修道院"。奥格威的一生很"现代性"，与阿米什的价值观完全不同，但奥格威十分尊重阿米什。准确地说是彼此尊重，奥格威当年寄居阿米什社区时，人家没有排斥他。或许大部分关心奥格威的人不会太在乎这一章，但对我来说此书唯一重要的内容就是这一章。

出乎意料，我在《中华读书报》上写的阿米什小文章引起了较大反响，有一位读者为此给我打了一个小时的电话。好友田松对阿米什这个案例非常看重，其博士论文大段引用了我的杂文。后来我在北京大学、北京师范大学、中国传媒大学针对理工科博士生讲过阿米什的教育观与科技观，也意外地引起了同学们的强烈兴趣。于是，我心生一念：鼓动出版社把若干著作译介到中国！当时不但没有专门的中文图书讲阿米什，连一篇像样的文章也没有。为何中国的大批社会学家和人类学家不在乎阿米什？我们哲学圈子可以不关心，人类学、社会学领域总该关心啊。但当时真的检索不到关于阿米什的学术文本。这与长期以来我们缺乏信仰、忽视传统有关，与我们对文明的片面理解有关，与我们对高科技现代化不加反思的痴迷有关。在一个为得到新款苹果手机而卖血的国度里，如何能够想象拒绝交流电、故意不拥有小汽车是理性行为？

阿米什社会也在变化，只是变得慢，他们主动掌握着变的节奏。阿米什人并非一味地反对技术，他们的社区使用多种技术，使用成熟的、经过检验的技术！在这一点上，他们比我们更聪明。我非常赞同霍斯泰特勒的一个判断：“阿米什社区不是一个已逝时代的遗迹，而是一种不同风格的现代性的具体体现。”①现代化可以有多条路经、多种方式。我更赞同田松的判断：

> 阿米什社区之所以能够存在，有这样几个原因：一、阿米什具有强大的保护传统的内在力量；二、美国提供了容纳阿米什存在的外部环境；三、阿米什所生活的美国居于现代化的上游。然而，阿米什社区之所以能够延续，则是因为，阿米什成功地获得了以自己的方式教育自己下一代的权利，从而使得其形而上体系能够成功地延续下来。进而言之，阿米什得以用自己

---

① John A. Hostetler, *Amish Society*, 4th edition, Preface, Johns Hopkins University Press, 1993, p. ix.

的标准,衡量自己的文明——阿米什掌握了评价自身的话语权。①

其实,无论田松还是我,看重阿米什这个案例,并非因为我们多么欣赏阿米什的传奇故事或者宗教,而是因为他们珍视自己的传统,与流行的"现代性"保持距离。阿米什案例给我们的启示主要在于,中国人在全球化过程中应当增强文化主体性意识,绝对不能抛弃自己的传统跟着人家的屁股跑。文化要有自性和自信,否则就会被同化掉。当然,我也不是在暗示,我们的传统文化对于应付现实的复杂性就是充分的,没有什么东西是充分的。传统,需要珍视、继承,也需要创造性转换。

随着中国国力的增强,百姓物质生活水平的提高,越来越多的人开始认同、欣赏我们的传统文化,国学热就是一例。在这种大趋势下,学界关注阿米什并想从中获得启示,是迟早的事。2013 年我的学生寻晶晶为参加美国的一次阿米什会议而准备论文时,系统调查了汉语世界对阿米什的关注,结果虽整体上仍不尽如人意,但已有多位研究生的学位论文在讨论阿米什。

---

① 田松:《神灵世界的余韵——纳西族:一个古老民族的变迁》,上海交通大学出版社,2008 年版,第 182 页。

不过，从 1999 年算起，十多年过去了，仍没有见到任何一部阿米什著作被译成中文，中间有几家叶公好龙的出版社找过我，也都未办成事。这件事令我很失望。十几年后，终于等来了阿米什著作的中译本，可喜可贺！

　　希望有更多学者关注阿米什的生存智慧、多翻译一些图书。中国在加速现代化，阿米什的生存哲学值得我们参考。

（2013 年秋写于燕园）

19. 比"指鹿为马"要好

今天(2008年6月29日)百姓终于等来了陕西省政府有关部门关于"华南虎照片事件"调查处理的"明确结果"：虎照有假。许多媒体都说，"正龙拍虎"事件真相告白，虎照真假"终于有了定论"。今日的CCTV午间新闻30分中还说，这是科学战胜伪科学的又一案例。

这在意料之中，也多少在意料之外。"正龙拍虎"令人想起一串成语：狐假虎威、三人成虎、老虎屁股摸不得、为虎作伥、虎头蛇尾、前怕狼后怕虎，等等。这些老虎成语或俗语简直就是对中国文化的大展示，市井文化和官场文化不就是这样吗？虎照案演化到了今天，我想做几点事后诸葛式的评论。

第一，有这样的结局，百姓应当谢天谢地，我们赶上了好时候。何出此言呢？因为事情还可能有另外一种结局，那就是成语中所说的"指鹿为马"。有关方面如果死死咬住了那就是真虎，百姓能奈何？有人说，时代变了，不大可能出现那种情况。但是说真的，在此之前我从来不敢排除这种可能性。在其他领域，赵高指鹿为马的事情人们不是很眼熟吗？此案避免了指鹿为马，确实让人们感受到社会在进步，在不可逆转地前进。

第二，关于"真相"，人们应当抛弃朴素的实在论想法。鉴定老虎照的真假并不是什么"高难动作"，但折腾了如此长的时间，可见求得真相是相当困难的。现在我们看到真相了吗？在这件事上，人们确实感受到了权力、权利在博弈（我不必指出这其中也有事实），我们仍然不敢说现在的"定论"就是人们期待的、想象中的"真相"。从另一种角度看，真相是演化的、建构的。

第三，农民周正龙虽然做了不光彩的事情，但此时我觉得他并不可恨（倒霉的为什么总是农民？），可恨的是另外一些人，包括那些以科学的名义为老虎照作证、背书的人。而他们此时在做什么事呢？这事并不直接关乎真伪科学之争。此时扬言科学战胜了伪科学，无疑是"马后炮"，像田松博士说的"好的归科学"，并且是事后归科学。当陕西师范大学动物学家王廷正教授为虎照的真实性作证时，当中科院植物学家傅德志研究员出面揭露时，大家都是以科学名义说话的，百姓怎么知道谁是真科学？怎么知道该相信王教授还是相信傅研究员？百姓只知道，大家都在利用"科学"，以科学的名义说话。

如果百姓不敢怀疑科学、科学家,以及各种打着科学招牌的东西,同类的事情还会不断重演。事实上,如今社会上哪样烂"工程"没有得到科学、科学家、各种专家的背书? 股市这样那样、慢牛快牛,哪个不是专家说出来的?

最后,还是要不断感谢各级政府。在这件事上,网友没必要总是指责地方官僚、社会体制,每个参与者都有份,包括你我这样的局外人也有份。有人说,老虎照事件浪费了大量的精力和纳税人的钱财。不过,用讽刺的语气讲,套用吴燕的话,"纳税人的钱就是用来浪费的!"

（《新京报》,2008 年 7 月 5 日）

20. 圣殿骑士与第三极

今天很高兴与大家讨论科学观和科学文化。我的题目起得挺怪的。此次讲座的话题是咱们讲座的主持人徐讯先生上周向我建议的,在内容上接着上周三清华大学张绪山老师的讲座《科学在中国的遭遇:从工具到信仰》(通识讲座第20讲)。为了避免过分笼统,我会结合一些例子来讲。这些例子有些大家十分熟悉,有些可能不大熟悉。

一、引子:"科学"的特殊地位

近一百年来,"科学"这两个字在我们国家已经获得特殊的地位。什么样的地位呢?像胡适讲的:"这三十年,有一个名词在国内几乎做到了无上尊严的地位;无论懂与不懂的人,无论守旧和维新的人,都不敢公然对他表示轻视或戏侮的态度。那个名词就是'科学'。"①胡适本人是人文学

---

① 胡适,1923 年 11 月 29 日。

者,但他很相信科学,甚至是一名科学主义者。[1]

科学和科学文化自19世纪以来在世界各地广泛、快速地传播。西方科学主要在这一时期传入中国,以前的传播影响并不大。到了现在,"科学"两个字几乎等于"正确",这表明此传播在意识形态上取得了极大的成功。今天我们的报纸、电视、广播等,经常会出现"科学的"这三个字,"科学的"这,"科学的"那,这个形容词表达的显然是政治上正确。

社会学大师涂尔干(Emile Durkheim)当年的一段话可以部分解释这种状况,他说:

> 今天,概念只要贴上科学的标签,通常就足以赢得人们特殊的信任,这是因为我们信仰科学。但是,这种信仰与宗教信仰并没有什么本质的不同。我们之所以认为科学有价值,是因为我们依据它的性质以及它在生活中的作用,集体地形成了这种观念;这就是说,它表达了一种舆论状态。事实上,在所有社会生活中,科学都是以舆论为基础的。毫无疑问,这种舆论既可以作为研究的对象,也被当做是构成科学的基础;原则上讲,社会学就是这样构成的。不过,有关舆论的科学并

---

[1] 王卉,林毓生:《"五四"以后科学主义在中国的兴起》,《科学时报》,2006年6月6日。

不会产生舆论;这种科学只是观察舆论,使之清楚地被意识到。的确,通过这种方式,科学会使舆论产生变化,但就是在科学似乎正欲确立自己法则的时候,科学还得继续依赖舆论。正像我们已经指出的那样,科学作用于舆论的必备力量恰恰是在舆论中获得的。①

　　其实,科学在社会中获得如此高的地位,并不一定意味着科学的观念已经深入人心以及人们对科学已经有了很好的理解(中国的科学素养调查结果显示,只有1.98%的公众具备科学素养)②,更不意味着谁口号喊得响谁就更有科学精神。只表明传统的"科普"等宣传让人们记住了"科学无条件是好东西"。在很偏僻的农村的土墙上,我见过"相信科学,反对迷信"之类的大标语。试想一下,如果人们分不清什么是科学什么是迷信时,这个口号的作用是什么? 我在山西晋祠见过"电脑算命",那东西被标以"科学"向游客推荐。另外,媒体上的商品广告相当多以"科学配方""科学工艺"等作营销手段,没见过用"伪科学配方""伪科学工艺"字样宣传自身的。当公众无法分辨时,"科学"与"伪科学"是一回事,笼统地高举"科学"大旗,科学地位有提升,

---

　　① 《宗教生活的基本形式》,上海人民出版社,1999年版,第575页。
　　② 据《2003年中国公众科学素养调查报告》,北京:科学普及出版社,2004年版,第1页。

伪科学的地位也同样得到提升。

二、科学文化争论的若干案例

先罗列几个例子：20世纪20年代"科玄论战"（中国）；1959年斯诺"两种文化"（英国）；1996年索克尔（Alan Sokal）事件（美国）；2005年"敬畏自然"之争；2006年"废除中医"签名；2006年从《科普法》中剔除"伪科学"字样签名。例子这么多，不可能细讲，只能蜻蜓点水地介绍一下。

（一）斯诺与"两种文化"

我们先从斯诺的例子说起。1959年的时候，有一位有名的科学家、作家斯诺（C. P. Snow）做了一个著名的演讲，指出在未来的社会中，科学文化和人文文化两者之间的裂痕会越来越大。很不幸，被他说中了。斯诺的背景非常复杂，他是科学家，也有不少文学作品，他深受科幻作家威尔斯（H. G. Wells）的影响。我们知道威尔斯的W式科幻作品比凡尔纳的V式科幻作品更有反思精神，但斯诺本人仍然主要站在科学的立场上来做演讲。

现在一提"科学文化"或"两种文化"，一下子就与斯诺联系在一起。当然，科学文化和科学文化之争在以前早就开始了。比如 19 世纪的时候,"两种文化"之争在英国就展开过。比较典型的是赫胥黎(T. H. Huxley)与阿诺德(Matthew Arnold)的争论。达尔文的"斗犬"赫胥黎能言善辩,是科学文化的代表。他与比较保守的阿诺德对阵。在公众的眼里,有这样的标签:赫胥黎代表科学,看起来相当"进步",而阿诺德代表人文,看起来相当"保守"。这是一种简单化的二分法式理解。同样,利维斯(F. R. Leavis)于1962 年回应了斯诺 1959 年的演讲。

英国的这两轮辩论的结果如人们所预料,基本是科学文化一方获胜。为什么会如此呢?其中一个重要原因是,科学处于上升势头,科学的力量逐渐在壮大,自然科学扩展到了它想扩展的任何领域中去。

(二)"科玄论战"

第二个例子是咱们中国的"科玄论战",发生于 20 世纪20 年代,它比斯诺-利维斯之间的论战要早,但比赫胥黎-阿诺德的论战要晚。

科玄论战中有两个典型人物,一个是丁文江,一个是张君劢。丁文江是科学派的代表,张君劢是人文派的代表。给公众的形象也是丁文江代表了科学和"进步",张君劢代表了人文和"保守"。这与英国的相关论战中贴上的标签是一样的。

"科玄论战"的两大背景是：资本与科学相结合，第一次世界大战结束；东西方文化碰撞，西方科学正在快速引入中国。上次张老师可能讲了许多，细节我就不说了。想了解这方面的内容，可以看《科学与人生观》这本书。

张君劢说："人生观之特点所在，曰主观的，曰直觉的，曰综合的，曰自由意志的，曰单一性的。惟其有此五点，故科学无论如何发达，而人生观问题之解决，决非科学所能为力，惟赖诸人类之自身而已。"①丁文江抨击了张君劢对科学和人生观的描述，认为他的想法是对科学的误解。同时，丁文江对科学、科学家进行了美好的描绘。丁反驳说："欧洲文化纵然是破产（目前并无此事），科学绝对不负这种责任。""一班应负责任的玄学家、教育家、政治家却丝毫不肯悔过，反要把文明的罪名加到纯洁高尚的科学身上，说他是务外逐物，岂不可怜！"丁还说科学家"天天求真理，时时想着破除陈见"。今天我们可以指出，丁的描写并不符合实际，那只是他对科学一厢情愿的承诺。科学家并不是天天在求真理，也不是时时想着破除陈见。如果天天求真理的话，科学家也没办法做了，成神了。丁文江还讲了很多科学对人生观之树立的重要正面影响。但是我们可以举很多反例，例如清华大学泼熊的刘海洋同学（拿熊作可重复实验）、日本 731 部队背后的科学家、为纳

① 张君劢：《人生观》，1923 年 2 月 14 日。

131

粹集中营高效杀人服务的科学家,他们懂得科学、会做科学,但他们的科学与好的人生观之间的关联并不是单线条的。

对"科玄论战"有很多评论,我愿意提及当时林宰平教授的评论。他说,丁文江有些话说得过分;实际上科学不等于科学方法,如果是科学等于科学方法,那天下一切认真的研究都成了科学了;不能说原则上能做到,就等于自己已经做到了。林宰平给出的评论很冷静,甚至与我们今天的看法接近。林宰平为了避免别人说他反科学,他也重申:我是相信科学的,但是我们不认为科学是万能的。注意,这是在 1924 年说的话,而不是在 2006 年说的。

陈独秀是站在唯物史观的角度评论丁张之争的。他的评论确实"层次较高"。他说双方的指责都有点离谱,欧洲的大战不是科学本身能够导致的,也不是人文导致的,分明是工业资本发展到一定程度的结果:

> 把欧洲文化破产的责任归到科学与物质文明,固然是十分糊涂,但丁在君把这个责任归到玄学家教育家政治家身上,却也离开事实太远了。欧洲大战分明是英德两大工业资本发展到不得不互争世界商场之战争,却看他们战争结果所定的和约便知道,如此大的变动,哪里是玄学家教育家政治家能够制造得来的。
>
> ——陈独秀:《科学与人生观》序

表观上,科玄论战以科学派、科学主义派大获全胜而告终,"玄学鬼"受到嘲笑。但若干问题并没有解决,甚至没有进行彻底、深入的讨论。胡适也说科学派"不曾具体地说明科学的人生观是什么,却去抽象地力争科学可以解决人生观的问题"。为什么会这样?有许多解释。其一为,近代中国面临"启蒙"与"救亡"两大任务,后者最终压过了前者。

(三)索克尔(Alan Sokal)事件

现在我们一下子跳到20世纪最后10年。1996年的时候,美国知识分子中发生了很奇特的一件事。有一位物理学家索克尔,他在政治上是一名左派,但是对后现代学者不满。他认为后现代学者对科学的批评没有根据,而且危害左派的政治前程。他自己琢磨,若是直接贸然与后现代派辩论,估计人家不会理睬自己,毕竟自己只是一名科学家。索克尔心生一计,决定作一个社会学实验。他模仿后现代学人的套话写了一篇长文,投稿到了后现代学者"把持"的《社会文本》杂志。

文章标题是《跨越边界:通向量子引力的变换解释学》(Transgressing the Boundaries: Towards a Transformative Hermeneutics of Quantum Gravity),好吓人。跨越、边界、解释学等,都是当下学者喜欢用的词,而"量子引力"则是自然科学前沿充满争议的领域。文章显然投其所好，想迎合后现代学者试图批评科学的欲望。1994年他投了这篇稿，1995年时让他修改，最终在1996年的春夏合刊（第46/47期）上发表出来了。文章"又臭又长"，但在形式上很标准，很像一篇后现代学者写的论文。论文长达35页，脚注109个，参考文献217篇。索克尔在文章中其实故意埋下了许多常识性的错误，但《社会文本》的主编不知道这一点。文章发表以后，索克尔马上给杂志去了一封信，说自己这篇文章纯粹胡说八道，目的就是要检验一下，看看这些经常批评科学的后现代人文学者到底懂不懂科学？结论是，很遗憾，这个社会学的实验表明这些后现代学人不懂科学，却对科学指手画脚。《社会文本》的编辑很气愤，拒绝发表索克尔的"揭发信"。大家都晓得，这年头，媒体有的是，这家杂志不发表，其他杂志还可以发表，何况这是颇有新闻价值的文章。索克尔迅速成为明星。

坦率地说，在我看来，索克尔很聪明，人也不是不厚道。

索氏一鼓作气，又和另外一名科学家布里克蒙写了一本书《知识赝品》，对后现代学者、科学知识社会学家进行了全面的批评。

在《社会文本》/索克尔事件之前，两位科学家就出版过一本书《高级迷信》，专门批评人文学者对科学的理解。1995—2004年，科学与人文之间你来我往，争论不休。

1999年,江西教育出版社在我主持的一套丛书中引进出版了一本《科学大战》,就是当年那期《社会文本》的单行本。在出版这本书的时候,主编罗斯把索克尔的诈文删掉了。主编觉得他的文章有欺诈行为。客观地讲,《科学大战》是一部相当不错的书。

为什么把 Science Wars 翻译成"科学大战"而不译成"科学战争"?因为在里根政府时有一个"星球大战"计划,还有类似名字的一部科幻电影,翻译遵从约定俗成。

"科学大战"后期,有"好事者"组织双方坐下来,认真交流,试图达成共识,结果出了一本《一种文化?》。书名中就有一个问号,表示不大自信。此书一半站在人文学者的立场,另一半站在科学家的立场。至此,关于科学,已经有了"两种文化""三种文化"(出版商布罗克曼写过同名书)"一种文化"这三种提法。

科学阵营想好好利用索克尔事件。科学阵营很愿意解释为,此事件表明科学的客观性、尊严得到了捍卫,认为可据此攻击人文学者。但是这样做的后果,进一步加大了斯诺当年讲的"两种文化"间的裂痕。人文学者一时很郁闷,但也没有被吓倒。有一位科学知识社会学家柯林斯(Harry Collins)站出来说,不能无限解释这个事件。柯林斯说,也许社会科学中某些部分的确根据不足,是垃圾、胡说八道,但是索克尔事件本身并没有真正揭示和证明这一点。

我们也可以更大度一点，承认人文社会科学中有垃圾、浪费了许多钱（这和承认自然科学中有垃圾是一样的），或者再承认多一点，承认人文社会科学中的垃圾比自然科学中多一些，但是不能据此得出一条结论：对科学的任何反思完全都没有根据。

"科学大战"传到中国，解释起来更复杂。近代科学传入我国之后，科学文化一枝独秀。人文学者也纷纷效仿科学，尽可能使自己习惯于科学话语。但人文学者与科学家站在一起，往往觉得低人一头。

索氏事件发生时，国内各种文化派别争论正酣，有几个很明显的派别，如启蒙派、国粹派、保守派、后现代派。实际上单独用这四个中的某一派来解决中国的文化问题都不行。启蒙派倒是强调科学的方面，但没有抓住本国的特点。国粹派盲目乐观，把希望寄托于未来和中国国力的快速增强。保守派不用说了，问题大家都清楚。后现代的缺点是什么？后现代有解放的作用。但后现代根本上采用的是"砸罐子"的逻辑。大家都说这个罐子好，但是后现代说不好，砸了以后，后现代并不管造新的。后现代作为边缘，是永远合理的，但是当后现代成为主流，比如大学教授都后现代了，或者是当官的都后现代了，总统也后现代了（如哈维尔），这未必是好事。作为文化批判的一支，在边缘的时候，后现代是值得鼓励的。我本人算是比较早注意索克尔事件的，《中华读书报》1998年1月14日发表了我和呼延华的长文《物理学家试探"泡沫学术"，两种文化论争热闹空前》，算是最早系统介绍和评论此事件的文章。虽然我当时还是一名科学主义者，但评论还是尽可能做到了平衡。

进入21世纪，索克尔事件随着南京大学出版社的几部相关图书的出版在国内引起了更多人的注意，有些唯科学主义者如获至宝，以为找到了批判"反科学"的绝好材料。现在想起来，很有意思。

（四）"敬畏自然"之争

我们跳到21世纪，看看2005年春天关于敬畏自然的一场争论。2005年春天，南亚发生了海啸，伤亡人数当时初步统计达20多万。一时间，许多人在反思自然灾害造成的影响。这时候中科院院士何祚庥教授接受新华社记者的采访时说：

> 我要严厉批评一个口号，即所谓"人要敬畏大自然"——一种对人和自然的关系无所作为的观点。我认为，该防御要防御，该制止就制止。我们要尽可能减少自然灾害给人类带来的损失，但并不意味着要敬，要畏。特别这个观点是在当时"非典"盛行的时候提出

的。人类对"非典"怎么敬,怎么畏?这个观点实际上将人与自然的关系伦理化了。这个由某位副教授在中央大报上发表的文章中提出的口号,实际上是批评科学主义,认为人类不该利用科学来有所作为,反映到人和自然的关系,就是敬与畏,不要老想去改造自然。这就在实际上走向了"反科学"。①

"某位副教授在中央大报上发表的文章"指的是什么?何老师的主页上一篇文章说得清楚:"'人类要敬畏大自然'是某位副教授(刘华杰)在非典时期在某家大报(科学时报)上提出来的,目的是宣扬某些人所主张的'反科学主义'。"②

其实 2003 年时我并没有写什么文章,只是一名记者采访了我,采访以《敬畏:我们对自然的一种态度》发表在 2003 年 5 月 23 日的《科学时报》上。但巧合的是,同一天《光明日报》有一篇署名"草容"的文章《非典教我们敬畏大自然》。事后,我曾专门给何老师打过电话,我只问他指的"大报"是哪家报纸,是不是《科学时报》?何老师否认,并

---

① 何祚庥:《人类无须敬畏大自然》,《环球》杂志,2005 年第 2 期。此处引自何先生的网页:http://power.itp.ac.cn/~hzx/wenzhang/ziran1.html。

② 何祚庥:《人类对大自然必须"有所作为"或"大有作为"》,《新京报》,2005 年 1 月 22 日。

说"《科学时报》算不上大报"。这样一来,估计何老师是把"草容"当成我的笔名了。我可以负责地说,"草容"不是我。关于这一点,清华大学的赵南元倒是猜得准确。

闲话少叙。何老师采用的论证方法是很巧妙的,他抬出了四个大字"以人为本",用"以人为本"来对阵"敬畏自然"。

我们国家现在讲的"以人为本"是什么意思? 能用来对阵"敬畏自然"吗? 现在讲"以人为本",是针对过去我们有时不把人当人看的毛病而提出的,它和"敬畏自然"之间是兼容的。但是何老师抬出这个政治上正确的词,是很吓人的,有人认为不好反击。我当时没当回事。但有人撑不住了,环保界的一批人迅速站了出来,特别是女性,如汪永晨女士、廖晓义及其女儿"馨儿"。"自然之友"的梁从诫也都出来了。他们说,做环保,一定程度上就要求敬畏自然,中国的环境为什么这么糟糕? 可能就是因为人们不大敬畏自然,无视法律,敢于破坏自然,无法无天,现在不是胆子太小了,而是太大了。至此,争论还比较温和。

这时"打假英雄"F出场,写了旗帜鲜明、战斗性很强的文章《敬畏自然就是反科学》。之后新浪网也邀请双方进行辩论,何祚麻老师是一方,汪永晨等是另一方。辩论的结果,在外人看起来,似乎是科学的一方非常有道理。其中有一个细节,何祚麻问汪永晨,武松该不该打虎? 一下子把汪永晨问蒙了。何老师得理不让人,一连问了四遍,汪到最后也没有回答出来。这样的问题环保学者应当容易回答,实际上它是FAQ(经常被问到的问题,有一些常规的回答方法)之中的一个问题。这个问题其实很好回答,后来有人在《科学日报》上进行了回答。①

"敬畏"是什么意思? 好像就是"害怕"。对自然要害怕什么呢? 我有了唯物论和自然科学,还有什么可害怕的? 只有迷信和宗教才讲敬畏。这种解释实际上是对汉语不了解,如果我们稍微懂点古汉语的话,会知道,"敬"和"畏"都是"敬"的意思,汉语中这类词很多。"后生可畏"就是"后生可敬"的意思。敬畏这个词有尊敬和谦卑的意思,表面没有害怕的意思。不过,引申为"害怕"也不算太过分。《现代汉语词典》1978年版还把"百足之虫,死而不僵"中的"僵"解释为"僵硬"(第551页)呢!(2005年版已更正为"倒下")

敬畏自然这个争论很有现实意识,它涉及科学的话语在当今社会中的地位、范围问题。大家差不多都不是完全从学究的意义来争论的。对我们而言,其中的一个关键问题是:敬畏自然是否反科学?

恩格斯有敬畏自然的思想,那他反科学吗? 著名的科学家、科普作家,卡尔·萨根也讲过敬畏自然,那他反科学

① 田松,刘华杰,刘兵:《武松该不该打虎:三学者关于"敬畏自然"的对话》,《科技日报》,2005年2月6日。

吗？不知道何老师如何作答。何老师总是试图表现得政治上永远正确，想必不会轻易说恩格斯反科学。这场争论产生了许多有趣的文章，北京大学科学传播中心一位网友整理了一份文献单子，大家可以参考。

这场争论给人两点启示：敬畏自然之争使人们更看清了某些唯科学主义者的自信、霸道；也暴露了环保人士缺少必要的理论武装，虽然他们不乏热情。

（五）废除中医"万人签名"

2006年发生过废除中医"万人签名"活动。活动是由中南大学的一位老师张功耀发起的。其实，他是我们的一个同行。废除中医，号称要万人签名，但最终只签了100多人。

中医是有着悠久历史的中国传统文化，先不说它是不是科学，它起码是一种重要的文化。中华文明得以传承下来，中医药在其中肯定起了很重要的作用。现在宣称要废除中医，此想法太"牛"了。毛主席当年建设新民主主义科学文化，都没有要废除中医。张功耀却"忽悠"大家废除中医。这也罢了，这种事情竟然得到了何祚庥和 F 的大力支持。何祚庥说中医的理论基础是阴阳五行，是伪科学。中医的理论是不是阴阳五行说，我们也先不论，我们就看看阴阳五行说是不是伪科学吧。

说阴阳五行说是伪科学,完全是非历史地看待科学的历史导致的怪论。从我的角度来看,我在新浪网上与何老师对话时也明确说过,阴阳五行说在那个时代是科学,是标准的科学,也许还是那个时代最好的科学。不能因为今天我们的科学家不大用它就把它打成伪科学。阴阳五行说也是一种模型、一种方法。阴阳五行讲的金、木、水、火、土也是在抽象的意义上讲的,跟我们现在的原子、声子、位移电流等抽象概念差不多,都是某种抽象,不能在完全实在论的意义上理解。我们现在的科学理论不也是一种模型吗?只不过我们的现在的模型更好一点,解释能力、预测能力更强一些。在那个时代,它发展到那个程度,已经不错了,也是有用的。如果阴阳五行说不是科学,我们就可以说古代天文学也不是科学了,我们还可以说早期的化学都是伪科学了。现在托勒密的理论和牛顿力学也被超越了,能说它们都是伪科学吗?如果以这样的眼光来看科学史,也只有今天还写在教科书上的科学才是科学,其他的东西全是错的,全是伪科学,科学史就成了伪科学史,这显然是非常荒唐的。

　　但是这种观点得到了很多人的认可,特别是得到科学界一些自称懂科学的人士的拥护。废除中医的签名,惹怒了很多靠中医吃饭的人。我们国家靠中医吃饭的人很多,你说这些人都是搞伪科学,这就有问题了,人家服吗?我们国家的《科普法》规定了要反伪科学,搞中医如果是搞伪科学的话,这等于直接违反了《科普法》,所以很多人忍不住了。

当何祚庥指责一些人反科学的时候,似乎没什么人理睬。当他提出要废除中医的时候,许多人坐不住了,出来说话了。

可以稍微评价一句,废除中医的举动,从现在来看,是背离当今世界科学发展方向的。现在,科学方法和科学观已经发生了重大变化①。1999年世界科学大会在布达佩斯召开,我国也有若干科技界名流到会,似乎也对大会宣言投了赞成票。当时的宣言明确阐述了自然科学与各民族传统文化、地方性知识之间的关系。中医等是一些地方性知识,应该得到保护,而不是用现代科学的方法和准则来消灭掉它们。这些主张废除中医的人,是不了解1999年世界科学大会的精神,还是要与此对着来?

(六) 从《科普法》中剔除"伪科学"签名

紧接着是今天要提的最后一个案例:中国科学院自然科学史研究所宋正海等人搞的签名。他们150余人签名恳请从《科普法》中把"伪科学"三个字剔除。理由是,有人滥

① 刘华杰:《方法的变迁和科学发展的新方向》,《哲学研究》,1997年第11期,第20—28页。

用"伪科学"三个字,妨碍了科学研究,打击了民间科学,特别是对中国的传统文化构成了冲击。他们的举动立即引来批评,何祚麻和F自然要上阵。何先生认为此事"非常荒唐"。

他们自己不断签名就有道理,别人签名就非常的荒唐。为什么?因为他们自己掌握科学真理!其实是以为掌握。

《科普法》确实把伪科学写进去了,而且规定要反对伪科学。但是《科普法》中并没有定义什么是伪科学?只是行政上象征性地说说要反对伪科学。整部《科普法》除了肯定"科协"的利益外,实际上基本上是不能操作的,相当于某宣传部门的一份文件。

世界上好像只有中国有《科普法》,这表明中国更喜爱科学?在我来看,宋正海要求得还不够,应该重写《科普法》或《科学传播法》。重写科普法或者新编《科学传播法》应当包括哪些主要的东西呢?我把想到的一些不成熟的方面罗列一下,恳请大家补充:

(1)国家鼓励公民参与各类科学技术活动和决策,任何部门和个人不得以人民群众"愚昧无知"为借口拒绝公民的参与。

(2)公民有权了解科学技术的进展及其影响,包括科技的风险,科学技术部门、科学工作者有责任有义务普及科学技术知识,并就公民普遍关注的科技问题回答相关质疑。

（3）国家保护个体、团体从事科学传播的自由，只要此传播不损害其他公民的利益。

（4）国家鼓励科学技术普及，特别是科学读物和影视作品的创作、出版、发行，制订详细的财政预算、税收优惠政策和奖励措施。

（5）科学传播隶属于文化传播，应当做到与本土社会、本土知识尽可能兼容，科普工作者不得以科学的名义以真理的占有者自居，越权行事。

（6）国家保障公民的信息访问权和言论自由，禁止网络的非法过滤，禁止不规范的、侵害他人权益的打着科学旗号的"科技打假"行为。

三、科学文化的三极与第三极的壮大

这几个例子，我快速地过了一遍，没有展开。

我想补充一点：当年张君劢和丁文江是好朋友，他们之间的争论没有达到人身攻击的程度，特别是当时没有政治因素渗入，科玄论战中有意识形态渗入，但没有人利用"政治正确"来打人。这是值得怀念的。现在是网络时代，科技进步了，争论的语言、道德却退化了。

我稍微概括一下。对中国若干年来的争论，特别是从

2000年以来开始的一些争论（有许多我上面还没提到），可以做一些总结，或者是把人群做一些分类。

今天我在"第三极"讲这些东西，我就尝试分出三个极（其实叫圈子"circle"更好）：

第一极："科卫兵"。他们试图捍卫一个客观的、纯洁的、永远正确的科学"圣殿"，他们自己则是保守"科学圣殿"秘密的骑士。仿照《达·芬奇密码》的说法，他们要保守某个圣殿的秘密，不让他人、外行人知道。他们是科学的代言人，他们的科学观属于唯科学主义。他们的关键词是"打击"。只要是他们认为与科学不大对路的，就打击。这是第一极，典型的人物在华人圈中有一些。他们的逻辑是田松讲的"好的归科学、坏的归魔鬼"。

第二极："民科"，即民间科学爱好者。他们相当多受过自然科学的教育，他们主张对科学宽容的态度，也做一些另类的科学，但是其工作或话语不被主流科学界所认可。他们自称的科学，被"何方人士"等认为是伪科学的科学。他们的科学观是一种泛科学观，与整体论、后现代主义、后殖民主义有一定关联，但他们通常不熟悉这些资源。他们实际上也持一种科学主义的科学观。为什么说他们也是科学主义呢？如果你问他们，他们是不承认的。为什么呢？他们总是想往科学的堆儿里挤，想方设法说自己的东西是科学。从我们的观念来看，他们确实有科学主义倾向。他们的关键词是"宽容"。

第三极：反科学主义者。极端的反科学的人物很难找到，反思科学的倒是有许多。他们会说，科学通常很有趣、很好，但科学本身也有问题，对整个科学都应当进行反思。但是在中国和外国，这种极端反科学者都难找到。弱的第三极确实有。比如一些被他们称为反科学文化的人，就是此第三极的人。他们的关键词是什么呢？是对科学进行"反省"，对意识形态上已经正确的一个东西（科学）进行反省。这一派明确反对科学主义，但也通常被诬为反科学。

第一极科卫兵高高在上，雄赳赳，说话底气足，容不得不同意见；第二极民科，也颇执着，但能够允许他人讲话（实际上通常也听不进劝告）；第三极反科学主义者，站在旁边"勘科学"、看"科民"（"老刘"造的词）表演。严格讲，这三极都是"病态"的，所以中间我打了个大的红十字（指 ppt 演示稿），每一派都有问题。

我本人算在第三极中，为什么知道自己有问题，还"拼命"（何祚麻语，详见下文）地吆喝这个立场呢？是为了平衡那两个立场，如果没有第三极来平衡，对科学的理解可能会更有偏差。

但是我们不要忘了，这三极都是民间的。F 能量再大，他仍然是民间的。有人说他有后台，我个人觉得他还是民间的，影响也有限。我们也是民间的，最多我们多几个学生听课。除了这三极,在中国是主流话语的还有个"无极":官方意识形态化的科学解释者。"无极"其实是"最高极"。他们认为什么是好科学什么就是好科学,所以不要忘了这个极。我不参与政治,我们不再讨论这个。

我们来看看第一极是什么样子? 第一极的立场可以用王朔的一句话改编一下来描述,"我有科学我怕谁"。何老师讲过一句话,说自己既懂科学又懂马克思主义。这是什么意思呢? 表面上是对他自己知识状态的描述。"我懂马克思""我又懂科学",懂了这两样可不得了,那是"全无敌"。第一极的人物认定科学圣殿是纯洁无瑕的(现实中,他们一样也当然知道科学界什么事都有,但他们有特异分离术,"好的归科学、坏的归魔鬼"),科学的圣殿中甚至可以不要人,因为有神就够了。圣殿中无人、无劣迹,只有"神"和"神谕"。他们又自称是"无神论者"。最终神没有了,那么谁来填补神的"空缺",当然是人了。首先的"神选"(人选)是他们自己。他们想做什么呢? 说出来挺伟大的,就是想捍卫科学,"保卫科学精神"。

但是第一极的这些人真的掌握了科学精神、宣传了科学精神吗? 我相信有的时候并不是这样,当然有的时候他们也宣传了科学精神。他们喜欢用全称判断,据说这体现了科学的普遍性,我举一个例子:

2006 年 12 月 7 日,在接受记者采访时针对"你对'天地生人讲座'有什么态度？为什么不和他们来往?"的提问,何老师说:"他们是专门宣传伪科学的。他(指宋正海)办的'天地生人讲座',所有去讲的人都拼命提倡伪科学,所以我们当然不跟他往来。"[1]一个懂马克思主义也懂科学的人,讲出这样的话,很有意思。何先生去过几次? 审查过几次? 我查了一下,这个讲座共办了700期,都什么人去讲过? 有我们的科学史院士席泽宗先生,有我们社科院哲学所的梁志学先生、自然辩证法研究会的朱训理事长、社会科学院的庞朴先生,北京农学院的张祥平先生,清华大学的吴彤教授等,这些人都拼命宣传伪科学? 何老师讲这个话有什么根据? 如果这种做法代表了"科学精神",让人们都去学,会学到什么样的精神?

　　科学主义者常主张反对伪科学,他们讲的理由之一是,伪科学用一些虚假的、违背科学原理的东西来危害百姓。这个讲法似是而非。用违背科学的方法来危害社会,其危害有多大? 比如我用一种巫术的办法,如跳大神,让你们全部倒下、全部死亡,如果你们信了,可能还会有点作用,若不信,便没有用。我用一种反重力的装置去杀人和用一种利用重力的装置来杀人,哪种有效? 用反重力的原理和装置来杀人,这是不灵的。让大石头受重力作用掉下来,可能把

---

① 据http://news.sina.com.cn/c/2006-12-07/090511723628.shtml。

人"砸死",让石头自动往上蹦,把人"顶死",不大容易吧!

我现在说说第三极。不是要和第一极去论战,也不是与第二极论战。论战是战不出什么名堂的。我们相信"普朗克定律"。第三极主要从人文的角度来看科学技术,反对唯科学主义。反对唯科学主义不是反科学。我本人也不是反科学的。我周边的一些人也都不反科学,但是时常被诬为反科学,被戴上了反科学的帽子。开始还颇在意,现在只当作好玩了,我的 email 专门注册了 antiscience 字样,算是一种"恶搞"吧。《科学时报》因为经常发表我们的一些杂文,也被不幸地诬为反科学时报,北京大学科学传播中心也被诬为反科学传播中心,很好玩吧?

第三极需要壮大,幸好我们有着与年轻人相处的便利,能够从教育角度尝试做一些事情。学生对科学的看法是一种旁观者的看法。从第三极的角度看,首先认为当代科学不支持"科学"决定论,可参见波普尔的《开放宇宙》。第二,自然科学本身是不确定的,可参见波拉克的《不确定的科学与不确定的世界》。第三,科学本身是有风险的,而这个风险通常是不被察觉的,可以参见贝克的《风险社会》。第四,不但科学有风险,科学技术本身就是最大的风险。一听这话,准以为我太反科学了,其实,我不是那个意思。现在的科学已经制造出来了一些"致毁知识",这些东西是可以毁灭人类和地球上其他生命的。在我们看来,科学不能凌驾于民主制度之上，科学要为生活世界服务。

第三极的眼光怎么来的呢？国际上有几门学问统称为"Science Studies"。这个词组很难翻译。你译"科学研究"，科学家就不高兴了。科学家的研究是对象性的研究，而Science Studies是二阶的元层次的研究。有人说科学学、科学论，这些名字以前被用过。我建议叫"科学元勘"，它指把科学家作为一个对象，把科学活动作为一种对象来考察。但是，这样一考察就看出问题了，会发现科学圣殿不那么神圣，科学家做什么的都有。一个做出重大贡献的科学家，他可能道德很败坏，其他对应关系也都存在。但是，每类对应都没有必然联系。

对科学圣殿经过这么一"勘"，就有问题了。用江晓原老师的话问："科学可不可以被研究？"他问得很温柔。但是当他这么一问时，他就已经从一位科学主义者开始向一位反科学主义者转变了。

科学圣殿是不是不堪一勘呢？（我刚为《中华读书报》写过一篇同名文章）如果想"拼命"维护本来就不曾存在的科学圣殿形象，当然，它可能就不堪一勘了。如果客观地看本来的科学，科学还是能够经受一勘的。科学没有必要维护圣殿的形象，科学也是一种普通的文化，当然是一种重要的文化。

可以而且应当对科学进行各种各样的反思、考察，科学相当程度上代表工具理性，除此之外还有价值理性和社会理性,等等,总之科学没有穷尽理性。我们今天反对唯科学主义,也有很多的进路。由于时间关系,我不专门讲了。从人文学科反思科学,是正常的,否则科学会成为一种霸权。

我小结一下。斯诺所讲的文化,在西方的文化中是一个自然的演化过程,到了中国有一个非常唐突的演化过程。19—20 世纪中国经历了巨大的连续转型。我们的科学,从几乎没有,到各高校都讲科学,以及我们有了导弹、"神六"上天、奔月计划等,基础科学也有很好的发展。这些都是可喜的变化,也可以说是进步。中国科学在快速、稳步发展,这是一个事实,个别人以偏概全,诽谤中国科学,完全不必理会。不过,我们也应当看到,科玄论战中的一些问题,还没有很好地解决。"敬畏自然"之争是一个中国特色的"科学大战"。中国现在还处在一个大的社会转型之中。科学无疑是讲道理的,科学是有理性的,但是科学并没有穷尽的理性,科学之外还有其他的东西。科学也不等于正确。我们没有必要提倡第一极的唯科学主义的观念。

我就说到这里,谢谢大家。大家有什么问题我们可以讨论一下。

讨　　论

问:我问两个问题。上次张教授也讲到了同样的一个题目,今天您说您是接着他的话题在讲。在过去一百多年以来,您怎么看待科学的观念或者是科学主义、唯科学主义,对当今中国社会和文化的影响?第二个问题是,在我们现代的社会结构中,研究人文的学者,与做自然科学研究的学者相比,在地位上有极大的不同,在社会结构上也有很大的不同。比如说财政拨款、经费和社会地位,等等。您对这样的情况或是作为一个历史发展的结果,有什么评论?

刘华杰:科学的概念是变化的。一直在变,不但在中国变,在外国也变。16、17世纪理解的科学和现在理解的科学肯定不一样。我们从19世纪末20世纪初说起。19世纪末到20世纪上半叶,典型的科学哲学是逻辑实证主义。这种科学哲学对科学持高度赞扬的态度,想证明科学知识是普遍的、客观的、与众不同的。用不好听的一种说法,是科学的"帮闲"。当时的科学社会学也是这样论证的。但是到了20世纪下半叶,情况有了重大的变化。人文学者对自然科学开始提出问题了。科学知识真的那么可靠吗?科学家讲的东西完全可信吗?科学的社会运作都没有问题吗?科学研究的经费应该给那么多吗?百姓能否参与科学?这样一提问题,就诞生了另外一种意义上的科学哲学,就是反思和批判型的科学哲学。这种科学哲学不大受科学家的欢迎。科学知识社会学更是如此。

补充一下,实际上第一种科学哲学也不受科学家的欢迎。科学家会觉得这些帮闲式的哲学家都是事后诸葛亮，他们的学说对科学研究几乎没用。比如，科学哲学之于科学研究，犹如鸟类学之于鸟一样，没有什么帮助。

第二种意义上的科学哲学出来以后，科学家的阵营和科学主义者就不安了，说这是一种反科学的行为。与它同时发展起来的，还有其他文化运动，如新时代运动、后现代运动。第二种科学哲学在我们国家的影响很微弱，即使是一些后现代的学者，也不敢碰科学。我认识几个后现代的学者，他们仍然认为科学很特别。他们觉得对其他的文化都可以进行考察，唯独对科学不能进行社会学的考察。但是在现在的科学知识社会学的眼光来看，科学也不特殊，也可以考察一下。

这种科学观的转变，恐怕不可逆转。重建圣殿形象，不那么容易。当然，科学有内容，科学有力量，科学不至于被说一说就说贬了、说坏了。

您的第二个问题是问，为什么我们国家特别重视科学技术这一块，对人文社会科学投资不足？这个问题是事在人为，您看我们国家的领导人都是什么出身就知道了。我们前一届政治局的领导差不多都是学理工出身的，甚至学理的也很少，主要是学工的。他们把社会问题主要当做工程问题来看。工科思维在中国社会很典型，有优势。有人拿清华和北大对比，当然是当笑话说的。说清华讲究工科思维,北大讲究人文思维。比如(只是假定)考虑教师涨工资的事情,北大人会长达几个月或者一年在反复讨论要不要涨的问题,而清华已经用一两周的时间制订具体的方案,几个月后已经涨完了。从这个例子看,人们都会认定清华人厉害、聪明、实在。工程思维或理工科思维确实有效,他们会先看科学上、技术上、经济上能不能做到,能做就做。而人文的思维常常是,某件事该不该做? 在能做的情况下不做行不行? 要知道,许多伦理问题恰好是,能做而不做,方为伦理。现在,我们通常是这样的,只要科学能够做到的,就会去做,就坚持要做。

我们也希望我们国家的领导人,不光有学工的,有学理的,还要有学文的,特别是要有学法律的。多样性,会使我们的国家前程更美好。

问:我听您讲了之后,我想知道第三极应该和第二极、第一极是处在一个平衡点呢,还是帮助第二极对付第一极呢?

刘华杰:您提的问题非常好,非常关键。

不存在谁对付谁的问题。今天我对第二极讲得很少。北京师范大学的田松老师和清华大学的蒋劲松老师讲这一极更合适。就宽容和多样性而言,第二极与第三极有一些共识,宽容和多样性有什么不好吗? 中国社会转型期不是还缺少这些东西吗! 对"伪科学"也可以也需要宽容,因为这三字所说的东西是复杂的,从来不是一个东西。

我们对第一极和第二极的看法是什么样的?我刚才讲得更多的是对第一极的不满,实际上我们对第二极也不满。像宋正海先生组织的签名我们也没有去签名。我们道义上支持他们,但是对他们的一些说法也不认同。

第三极是独立存在的。

这三极各自的立场是不一样的。第一极看第二和第三极,都是反科学的。第二极看第一极,是唯科学主义;看第三极,觉得态度上和他们比较接近。第三极认为第一级是唯科学主义,认为第二极也是唯科学主义,只是弱一些。当然,第二极本身不会同意的。

我们在座的有多少人支持《科普法》中保留"伪科学"的字样?[清点人数]还不少。

很好,当年我也支持。当年我也是反伪科学的一员,也说了一些过分的话,现在我反思起来都觉得不好意思,在此再次表示歉意。当时,我是一个很强的科学主义者。我认为自己的所作所为是天经地义的,我在捍卫科学、打击一些骗子。像何方人士喊的一样,我原来和他们是一个战壕的。但是今天看起来,情况不是那样的。在现实中,科学与伪科学无法很好地划分界限,谁掌握了话语权就说别人是搞伪科学,这在历史上是有沉痛教训的。

当年的李森科,本人在搞伪科学,却指责西方的摩尔根的遗传学是伪科学。他得到了斯大林的支持,把争论对方的科学说成是资产阶级的伪科学,把自己的遗传学说成是无产阶级遗传学。当年在苏联唯一的遗传学就是李森科的遗传学,后来看是错误的。这就是,谁有了话语权,谁就可以判断是非、真假。这就是社会学对伪科学的看法。

事情也许没宋正海说的那么严重。《科普法》象征性地惩罚伪科学问题不大,本来这个法律就是个摆设。只是从法律严肃性的角度看,《科普法》中应去掉这样的词语。法律不应该判断谁是科学、谁是伪科学。法律条文应当是紧扣利益和权利关系,对于利益侵害要做一些限制。现在,如果伪科学确实侵害了某些人的利益,可以从其他的法律来起诉它。没有必要动用伪科学这样一个有意识形态色彩的词汇。这是我现在的想法,这大概也是大部分的人文学者为什么支持宋正海、要把伪科学字样剔除出《科普法》的原因吧。

问:三极之间可否折中?

刘华杰:当然,现实中可以,也是应当的。中国人有这个智慧。极端是没有出路的。

(第三极通识讲座第21期"科学圣殿骑士与科学文化的第三极",时间:2006年12月20日19:00,地点:北京海淀第三极书局8层会议中心。摘要刊于:《科学时报·大学周刊》,2007年2月27日,B4版)

21. 慢慢来

《解放日报》记者龚丹韵(以下简称龚)：您对转基因的基本立场和态度是什么？理由呢？

刘华杰(以下简称刘)：简单点说,我认为任何个人、团体、国家在研究和推广转基因生物(GMO)技术及产品时都要格外慎重,需要经过伦理审查和风险性评估,要切实考虑最终用户的关切及长远的生态影响,不能以一己眼前的私利而置他人、社会的整体利益、长远利益及大自然的生态安全而不顾。原因是,GMO与大自然中自然发生的生命以及传统上人工改造的生命存在较大差异,GMO技术使得在短时间内制造出新的生命形式成为可能,而从进化论的视角看,此类生命可能是不适应的,对环境对其他生命可能产生意想不到的影响。我不是说所有的GMO技术或者GMO食品都注定是不安全的,只是说其中的一部分极有可能不安全。问题是我们无法清晰地区分哪些安全哪些不安全,必须具体地一个一个地分析,而且要长期监测。第二个重要原因是,至少到目前为止,我不认为有必要推广转基因技术。目前宣称的若干推广理由都是不成立的,比如为了增产、为了环保、为了我们国家不落后,等等,它们都经不起推敲。许多"挺转"的宣传与卖狗皮膏药的差不多。

龚:从科学史的角度看,绝对的"安全"存在吗?是不是所有东西对人体的安全性,包括转基因的安全性,科学永远给不出答案?

刘:安全性是相对的,科学技术也只能就有限目标做出评估,因此只要听到有人说:"没问题,绝对安全。"那么可以判定这类说法是极不负责任的。关于 GMO 支持者容易提出这样的辩护策略:既然安全性是相对的,没有人能够认定 GMO 一定不安全,那么可以有把握地说 GMO 技术、GMO 食品等是相对安全的,或者与传统食品同样安全。我要说的恰恰是,这种辩护是不成立的。传统食品也存在这样或者那样的问题,那是它们与转基因食品的确不同。不同在什么地方呢?最根本性的一条是存在时间不同!时间说明了什么?在进化论的意义上,时间长能说明许多问题,不适应的东西在时间长河中会被"洗刷掉"。也就是说,传统食品是经过长时间检验的,剩下的有毒、无毒的东西对于周围的环境、其他生命都已经变得适应了。即它们是大自然生态系统中的合法成员。而 GMO 不同,它是人造的。它没有经过时间的检验。一切要慢慢来，急不得。

另外，从科学哲学的角度，需要指出，检测对于安全性总是"双非的"：既不充分也不必要或许很重要。安全性检测是相对的，任何检测只是对有限项目进行检测，通过检测的东西未必就是安全的。三聚氰胺毒奶案是个典型，那些有毒的牛奶在相当长的时间里都通过了人工检测（不是大自然的检测，大自然检测要求的时间会很长），但它们确实有毒，为何严格的检测没有把毒查出来呢？因为常规检测根本就不检查其他项目。一般地说，安全检测只查 N 项，问题可能出在 N＋1 项，而第 N＋1 项根本不在检查之列。有许多传统食品，根本不需要进行任何检测，在许多农村仍然如此，人们祖祖辈辈吃的东西不需要再检测。前面说了非充分性，后面讲了非必要性。但在现代社会里，检测时常要做，这已经成了一种制度性安排，检测有时显得很重要。重要归重要，但它不能提供充分必要性保证。

现在有媒体转述农业部的观点：转基因食品与传统食品有同样的安全性。这话有相当的模糊性、欺骗性。谁证明了有同样的安全性，可否将证明过程清晰地展示出来？另外，假定证明了有同样的安全性（这几乎不可能做到），又能说明什么？据此可以表明推广转基因食品是合理的？就算这一步也做到了，即证明了合理性（这也很难证明），那么如何能推出普通百姓就应当天天吃转基因食品？不是有人一直在呼吁冷静、科学、理性、客观吗？那么我们就更冷静、更科学、更理性一点，瞧瞧这些证明是如何做出的吧！

在国外，论证转基因食品的安全性，通常涉及并实际运用过"实质等同性原则"，FDA（美国食品药品监督管理局）就曾用过，但是这样的原则只是一种自我安慰，压根不成立。如今，已经没有人再理直气壮地用这样低级的原则来为转基因的安全性辩护了。

龚：有人说，无论转基因是否安全、未来是否推广，至少中国目前需要掌握自己的核心技术和独立研究体系，这才是问题的关键。您赞同吗？

刘：我也不赞成。要做的事情多了去了。凭什么人家有什么"好东西"，自己也一定要有？况且人家有的未必是好东西，或者准确一点讲，那些东西之好与不好是针对不同对象的。人家登月我们也要登月，人家搞大飞机我们也要搞大飞机，人家搞反导我们也搞反导，人家上航母我们也上航母，这些似乎勉强可理解，但转基因之类没必要跟着折腾，就算晚了、慢了、后悔了，以后再做也没什么了不起，急什么？不搞转基因，中国就不行了？从科学原理和科学史的角度看，转基因在理论上没什么了不起的，目前看只不过是一些不甚先进的技术罢了。个别人在法律的框架内想玩玩这类技术，也是允许的，别折腾别人就好。

龚：有科学研究者说,杂交技术比转基因更加不可控。但是大众舆论对杂交的反感没那么大,这是为什么?

刘：杂交在自然界本来就存在,人工杂交与自然界的自然杂交性质差不多,它们都是经历过漫长的时间检验的。杂交过程受制于大自然的自然选择,是有约束的。而转基因技术与杂交技术不同。

值得特别指出的是,支持转基因作物的人士针对不同情况分别提出了两类辩护。针对必要性提出 A 类辩护:转基因技术有无比的优越性,根本不同于传统技术,因此一定要搞转基因。针对安全性提出 B 类辩护:转基因技术其实也没什么,与传统技术差不多,因而安全性也一样,所以不必担心。我们要综合起来看,要把 A 类辩护与 B 类辩护放在一起看,问一问:转基因技术到底怎么样? 你不能在人们质疑必要性时说:这个新东西好极了,的确与众不同;而在人们质疑其安全性时又说:这个东西也不新,只是传统技术的延续,因而完全不值得大惊小怪。什么叫理性? 理性的基本原则是保持逻辑一致。

百姓对杂交放心,是因为长期以来杂交技术没出过什么事,而转基因技术虽然时间不长却事情很多。这些事当然很庞杂,但不能都说是百姓自己折腾起来的事吧? 比如中国百姓要问:为何欧洲人对转基因没那么大的兴趣? 为何中国举办奥运会或者世博会时要强调不提供转基因食物？为何国家的有些部门为自己的家属提供非转基因食品？既然转基因食品这么好那么好,为何不全面标识？

龚：您从科学史的角度看,转基因的口水战如此厉害,究竟是为什么？是研究机构公开透明度不够,还是因为哪些更加本质、更加内在的因素？

刘：很清楚,利益集团打着科学的旗号、发展高科技的旗号、爱国的旗号等,急不可耐地游说主管部门推广转基因产品,甚至不惜以身试法,故意散布转基因种子,等等。具体讲,监管不够,安全性评估不透明。

龚：科学的两面性已经是老生常谈,而人类文明发展至今,这种发展方式也已经不可逆转了,所以在现实的背景下,您觉得转基因扮演怎样的角色更加妥当,也更加具有可操作性？

刘：挡不住不是一个好的理由,虽然不得不承认它是一个理由。就好比,在人类的历史上,盗窃、杀人放火从来都是禁止的,但从来也没有真正杜绝过。但不能因为挡不住,就指出不需要阻挡盗窃、杀人放火了。世界上没有任何一个国家认为盗窃、杀人放火诸事因为防不胜防所以由它们去吧。

转基因技术的确有多种风险,国家和利益集团不应当强行推广转基因产品。现在要做的是争取把事情拿到桌面上公开讨论、辩论,不要轻易指责谁不科学、不理性。另外切实可做的一件事是,把标识做好,转基因食品厂家自己不愿意标明的,相关的非转基因食品厂家可以标出"非转"标识,效果是一样的,虽然要浪费无辜者的精力和钱财。有标识的好处是,百姓可以自己选择,而不是像现在这样把人家无比优良的东西埋没了!按理说,强制标识对于支持转基因的一方来说没有反对的理由,他们不是主张自己的东西好极了吗?那么就勇敢地标识自己的好东西吧!相反,如果有难言之隐,想蒙混过关,百姓也会用自己的选择性购买做出回答。

（采访时间:2013 年 9 月 24 日;采访形式:邮件采访。刊于:《解放日报》,2013 年 10 月 21 日。有删节,此为采访原稿）

22. "技术成本非对称"原理

    GMO属非自然生命体,这种人造物未经大自然演化的充分检验,蕴藏着多方面的风险。人类社会已经进入风险社会,GMO释放导致的风险将是其中非常重要的一部分,已经引起各界人士的广泛关注与争论。非科学界人士关注此事是有道理的,道理我在"转基因作物,该听谁的?"[①]中已经讲清楚了。在那篇文章中,我说从"和牛肉模型"(Wagyu Beef Model)来看,转基因作物涉及的不是传统意义上的纯科学事务,即使加上"主要""核心"等字样来限定,它也不能还原为纯粹的科学技术。

    在争论过程中,技术乐观主义者、科学主义者常常不承认有争论,或者低估技术的可能风险,并扬言:即使存在风险和伤害也并不可怕,因为科技工作者(注意,并没有说哪些科技工作者,也没有说谁来支付)可以研发出相应的技术

---

① 《中国出版传媒商报》,2013年9月10日,第15版。

来对付可能的后果。这些技术拥趸还进一步挖苦道：对待GMO，反技术是没用的，一方面新技术是拦不住的，另一方面出了问题还得靠技术来解决。这些当然都毫无道理，本文也不打算讨论这些事情，本文尝试从一个一般原理"技术成本非对称原理"来讨论 GMO 的风险与责任。

分析 GMO 之风险，经济学眼光并不全面但已经能够揭示出若干关键点。GMO 的研发和释放涉及一整套生物化学技术、生物工程技术和社会技术，它们产生的效应是很难去除的。如果要去除的话，从经济学上看将比原技术支出多得多。"技术成本非对称原理"适用于分析这件事。所谓"技术成本非对称原理"（Asymmetrical Principle of Technology Costs）是指：研发并实施去除技术 A 的效应 E 之 B 技术所需的支出，要远大于当初研发与实施技术 A 的支出，表现为针对效应 E 两种技术 A 和 B 的成本不对称。这一原理与热力学第二定律的熵增加原理有关。原理叙述起来挺麻烦，其实道理并不难懂。把一滴墨水释放到一个水池中或把一瓶农药释放到小河中非常容易，但是想把释放出的东西聚集起来、回收起来却相当困难；即增熵容易，减熵难。某流域采用一系列技术增加了沿岸居民的经济收入，但是此过程污染了河水，而如今试图让河水清澈起来需要的新技术（包括社会技术）非常复杂，支出巨大，成效不明显。卡拉什尼科夫研发AK47 有相当的技术支出，但是这个支出相对于将 AK47 去除的支出,完全可以忽略不计。研发和生产 AK47 的收益是明确的,是少数人得利,受害的或者感受到威胁的是大多数人,然而想去除 AK47 的影响或者限制其滥用的花费十分巨大并且几乎是不可能的。即使世界上不再生产这种步枪,其技术也可能稍加变化而应用到其他杀人武器中。世界上各国研发核武器有相当的支出,但是比起限制核武器以及销毁核武器的难度、花销以及时间,原来那些支出简直可以忽略不计。也就是说,去除核武器的影响并预防核武器将来的可能灾难而导致的支出,将远大于当初研发核武器的支出。注意,我在这里并没有否认 A 技术的效益、好处,以及得到善良人的大力支持。相对于某个时代对于某些人,效益、好处总是有的。只是提醒,研发和实施 B 技术更困难而且收益不明确。

当下,GMO 的研发与释放对某些行为主体而言是有明确好处的,即能给他们带来经济利益或其他利益。但是,其他人得到了什么?不喜欢 GMO 的人得到了什么?另一方面,若 GMO 有问题,研发与释放的主体承担什么责任?在社会上谁来消除产生的效应(有一阶效应和二阶效应)?谁来买单?

GMO 的支持者和暂时受益者可能会说,人类终究有办法,新的技术一定会诞生,一切不必担心。这是老一套完全没有根据的说辞。根据上述"技术成本非对称原理",即使有主体愿意研发 B 技术来试图消除 A 技术的后果,B 技术的成本也远大于 A 技术的成本。在这里,我并没有断言 GMO 能否控制得住(偷盗、耍流氓的事从来没有被真正杜绝过,但没有一个社会认为它们是正确的),只是关心是否要提前认真讨论其风险,明确谁是最大受益者,谁是潜在的风险承担者,以及控制风险可能的支出。

(2013 年 12 月 28 日,在中国科协—清华大学科技传播与普及研究中心、河北禅学研究所主办的"主粮转基因风险与争议学术研讨会"上的发言)

23. 田松不开玩笑

　　田松教授2014年出了一本《警惕科学》，书很小、很薄，却引发了一些议论。

　　书名够刺激。警惕科学？在我们这样一个讲究科学、高度信息化的时代，提出要警惕科学？松哥，你在开玩笑吧？

　　近些年俗语中也常讲"防火防盗防记者"。对于刚入学的女生有改编版"防火防盗防师兄"。在美国小镇中闲逛，也经常见到住户的院门口挂着小牌子：Beware of Dog！田松发明的短语译成英文是什么？是 Beware of Science 或 Beware of Scientist 吗？科学有这么坏吗？

　　许多人想当然地认为，"科学"这个大词儿决定了它天然是好东西，科学是理性的化身。按这个缺省配置，警惕科学或者反对科学，都是大不敬。警惕流氓、警惕敌人，天经地义。警惕科学成什么了！那不是颠倒黑白、混淆是非、反智主义，目的是浑水摸鱼、反文明反人类吗！我不否认，按主流话语,给田松的句子戴上这样的"高帽",并不奇怪。

不过,依我对田松的了解,我完全赞同他的造句,并且认为他道出了我们这个时代知识分子应当喊出的最强音!

科学可能比较讲究理性,但它并不能垄断理性,科学之外还有天空。就理性算计而言,工程、技术、自然科学、社会科学、人文学术、宗教,等等,一定程度上都是讲理性的,算计的尺度也按此顺序增大。也就是说,越虚的学术,考虑问题的时空尺度反而可能越大(注意我只说可能,而没说必然)。工程与科技可能精于局部算计,而哲学、伦理、宗教可能精于长程权衡。科学主义之独断与狭隘就在于它视野小,缺乏长程的历史眼光,以局部利益、拳头大小来判断一切。

田松并不反对理性和逻辑,他的书恰好更严格地坚持了理性原则,遵守了逻辑规则。他的观点不能称作"反智",而是"爱智"。田松多年前就提出一个有趣的命题,告诫人们不能"好的归科学、坏的归魔鬼"。田松的这一建议坚持了自然科学所遵守的自然主义原则,对于某个对象,不能先验地判定它好与不好,而是要仔细研究之后再判定。对于称作科学的事物,不能因为它的名字叫科学,我们就先验地认为它好、代表着正确、代表着理性。而是要对它观察、研究一番,看它做了什么事、导致了什么后果,之后再来评判它的性质。这种科学观的确是自然主义的,与科学知识社

170

会学(SSK)的进路基本一致。据我了解,田松是独立思索得到这一科学观的,它与SSK的科学观殊途同归。

警惕科学,原则上没有问题。科学凭什么要例外?

此时,许多人迫不及待地跳出来:科学就是要例外,因为科学如何客观、有力量、推动人类社会进步,等等。

其实还是老调重弹,仅有的一点新意在于它强调"科学"在现代社会中理论上具有至高无上的裁判地位,它是真理、上帝的代名词。"理论上"不可省略,因为在现实中并非完全如此,践踏科学的事情比比皆是。用田松的话说,在一些人看来,科学似乎是社会之外、人类历史之外的一根"冥尺"。

要让已经轻松获得利益、美好声誉的群体心态平和起来,放弃"上帝之眼"的优势,就"科学"本身坚持他们所在领域奉行的自然主义,那是困难的事情,甚至不可能的事情。用苏贤贵博士的话讲,在相当多人看来,科学事实上理论上都被视为一种最后的标准,只有科学证伪别的东西的份,而科学本身永远免于被证伪。

科学哲学家波普尔不是说,可证伪性是一种优良品质、只有原则上可证伪的东西才有可能是科学吗?没错。但是,想一想,在什么条件下,才可能证伪科学本身?

按科学主义的话语,此条件不存在!即在任何情况下,也不可能证伪科学本身。也就是说科学常有理,有理的才是科学。这种循环定义似乎是"全无敌"！可是，按照波普尔的描述，原则上不可证伪的东东什么都可以是却不是科学，到头来他们所信奉的科学其实不是科学！

按非科学主义的话语（包括田松、苏贤贵和我等人），科学本身是可以被证伪的。当然，我们说的是具体的科学，整体的科学、按"好的归科学"整理后的科学根本不在讨论之内。范式不同，标准不同，世界观、科学观不同，因而争论起来各说各话。除此之外，还能否就具体问题进行讨论呢？能。哲学工作者擅长抽象言论，但也不怕具体。

科学确实与理性、讲道理经常联系在一起。这不，《XX日报》2013年10月21日第13版刊出某先生（以下简称H）批判反对转基因的文章《科学理性：学术争论的底线》。先交代一下，H是科学家，支持转基因。

本来关于转基因，作物学界、社会上有不同看法，有人支持有人反对有人看热闹，可以各讲各的理。读完H先生理直气壮的文章后，给我的第一感觉是，用其题目来审视一下H先生自己的文章倒颇必要，转基因问题的争论的确要讲点道理。甭管什么理性，讲道理就行，而讲道理最基本的要求是讲事实、讲逻辑一致性。

H先生不知道从哪里听说了科学知识社会学，在文章的一段中对它罗列了若干罪状：

最为极端的反科学观点发源于欧洲的爱丁堡学派，称作科学知识社会学（SSK, Sociology of Science and Knowledge）。他们全盘否定科学研究内在的客观性和合理性，认为是各种社会因素，尤其是社会利益决定了科学知识的产生过程，把利益看作科学家从事研究活动的自然动因和各方争论的内在理由（即所谓"社会建构论"和"利益驱动论"）；他们渲染科学发展的"恐怖"，声称现代科学是西方帝国主义统治东方阴谋的延续（即所谓"阴谋论"），主张清除"后殖民主义"；他们鼓吹以"生态主义"抵制所谓科学的"工具主义"，主张人类应回归自然状态；他们反对核能利用、反对转基因、甚至反对一切工业文明。

先提醒一下，H先生文章中"科学知识社会学"的英文写错了。这也重要，涉及对SSK的基本理解。正确的写法是什么？请读者自己查吧！在网上一秒钟就能解决。当然，也请H先生和《XX日报》编辑查一查。

读完H先生的这一段话，再想想宣称"学术争论要科学理性"，多么具有讽刺意味。因为H先生的上述指控完全没有依据，属无中生有。在科学社会学界，确实有人不同意爱丁堡学派的观点，但那些观点根本算不上什么"最为极端"。转念一想，H先生的这段话像是从哪儿抄来的，但因为没有引证，只好当作 H 先生自己的观点。

爱丁堡学派的学者是"全盘否定科学研究内在的客观性和合理性"吗？爱丁堡学派的主力布鲁尔（David Bloor）还健在，他的邮件地址为 D. Bloor@ ed. ac. uk。请 H 先生或者《XX 日报》的编辑发邮件问问布鲁尔，他认同上述道听途说的指控吗？如此歪曲布鲁尔等人的观点究竟为什么？就为了宣传科学理性、打倒虚拟的靶子？

布鲁尔等人渲染科学发展的恐怖了吗？他主张阴谋论、生态主义了吗？

搞不懂的是，H 先生从哪听说爱丁堡学派有最极端的反科学观点？反科学观点发源于爱丁堡学派吗？西方以及其他地方的确有反科学的观点，早就有了，并非起源于爱丁堡学派。即使说爱丁堡学派的强纲领被一部分人认为有反科学的嫌疑，它也算不上极端或最极端。况且，爱丁堡学派真的反科学吗？就布鲁尔提出的强纲领的四条来看，非但不反科学，而且是向自然科学学习。往轻里说，H 先生"敌友不分"。当然了，"友"或许是表面。布鲁尔坚持彻底的自然主义，而 H 先生并不彻底。

强纲领严格坚持自然科学的传统，因果性、对称性、无偏见性和自反性等恰好是自然科学领域长期坚持的，而布鲁尔很欣赏这些，想把它用到科学社会学研究当中去！强纲领甚至有科学主义的味道。强纲领的"原罪"如果有的话,在于它试图用科学的办法研究科学,而这就犯忌了。一方面,在人文学界许多人认为布鲁尔过于保守,站在科学家的立场上说话。另一方面,科学卫道士不理解布鲁尔,认为他太反动。H先生大概属于后者。

无论持哪一类意见,都要讲究H先生所谓的争论的底线。底线是什么?就是看懂了人家在说什么,别乱扣帽子。

H先生是科学家,但愿在做科学特别是做转基因研究、做转基因技术安全性评估时,能更理性一点、更严肃一点,否则那些结论就太不可信了。

警惕科学(家),可有针对性?有。比如要警惕H先生、涉嫌转移千万科研经费的中国工程院院士李宁以及非法释放转基因水稻种子的某团队,这样的科学家不在少数。

公众警惕某些科学(家)胡说八道、欺上瞒下、助纣为虐,不是不可以,而是"必须地"。

24. 不能先验地做出判断

问（《经济》杂志记者）：网络上流传很多转基因食品
"致病""降低人体免疫力"等关于转基因食品的负面说法，
您如何看待？

答：有人把这些当成"谣言"，我没研究过相关问题，只
能外在地评论一下。网上有这类说法，说明一些人不相信
有关 GMO 食品的宣传，说明透明度不够。我要补充一句：
持这类见解的人，也有科学家，并非都是"无知"百姓。我本
人的看法是：GMO 不一定都有害，但也不能先验地宣称都
无害，因为 GMO 不是单一的东西，而是多种不同的东西，必
须一个一个地长期检验。

问：关于转基因种植技术对生态环境的影响也是众说
纷纭，您又是如何认为的呢？

答：就目前情况而言，GMO 的种植有巨大的生态风险，
应当慎重。

问：您能否从科学史、哲学等学术角度，为读者解释您对于转基因的态度？

答：第一，对进化论了解得越多，对 GMO 就会越慎重。因为大自然中生命是长时期进化而来的，现有的生命与环境是相互适应的；而 GMO 是人工饰变的生命，它们是非自然的。GMO 与传统上的杂交、嫁接等根本上不同。第二，长期以来利益集团在宣传中似乎总是想掩盖什么，它们不肯面对公众的质疑，有的科学家还表现出对民意的极端蔑视。这些加剧了人们对 GMO 的怀疑。第三，举证责任在 GMO 推广一方。原因是地球运行好好的，偏偏有人出来推销新东西，有人不喜欢，他们强行推广，于是，证明安全、无害当然就是他们的事了。第四，最终用户有拒绝的权利。即使已经证明 GMO 全部没问题（目前证明不了），人们也有足够的理由拒绝 GMO。这就像吃臭豆腐一样，这种食品的确没问题，但有人不愿意吃，则不能强行让人吃。特别是，不能把臭豆腐包裹起来、隐藏到其他食物中，浑水摸鱼，偷偷摸摸地让公众试吃，那样做是极不道德的。

问：目前国内市场上，很多食品都着重标出"非转基因"字样。中储粮称，目前国内还无能力检测油菜子是否为转基因作物。那么，这种标识是否可信呢？这背后隐藏着怎样的问题？

答：标出"非转基因"字样是被逼的，这本身已经使社会成本增加了许多，本来 GMO 自己标出"转基因"就得了，但人家不喜欢标出。至于是否可信，谁知道呢！将军都有假的！

问：目前我国对于转基因技术的运用到底有哪些规定，又有哪些政策？您怎样看待这些规定与政策？

答：这个网上能查到一些。农业部也公布了一些。政策、法规是一回事，执行是另一回事。有些规定还是不错的，但没有严格执行，违规违法成本太低，甚至根本没有追究。今后要加强执法。

问：甘肃省张掖市政府近日出台《关于建设农产品安全大市的意见》，明确禁止转基因种子的繁育、销售和使用。对此您有什么看法？

答：张掖市出于自身利益或其他利益的考虑，这样做是很自然的。我本人认为很好。东北的一些县市也应当出台类似的规定，保护中国的大豆产业。

（2013 年 11 月 6 日）

25. 理发师与转基因专家①

农一毛： 师傅，我需要剃头吗？

理发师： 废话，当然要剃，最好每天剃一次。

农一毛： 为什么？

理发师： 因为我是理发师。

农一毛： GMO 水稻安全吗？或者说没那玩意儿中国人就没得吃啦？

理发师：（1）我怎么知道。

　　　　　（2）卖什么当然吆喝什么，你愿意信是你的问题。

---

① 2010 年 3 月 17 日, 贴在科学网博客。此对话是在欣赏了"全国农业转基因生物安全管理标准化技术委员（SAC/TC276）委员名单"之后拟定的。

补充:

清华大学蒋劲松在此条博文后面写下:

农一毛: 我怀疑每天理发是不必要的,挺浪费钱的。

理发师: 你是理发师还是我是理发师?你个外行知
道什么?我们都是有理发师执照的专业人
士,你说该听谁的?

26. 转基因,该听谁的

中译本《孟山都眼中的世界:转基因神话及其破产》①已面世。此前同名影片在网络上广泛传播,人们已能猜到此书的主要内容;但图书比视频更深入更全面地展示了事情的复杂性,看过电影的有必要再读读书。在此我不想过多讨论孟山都公司的是是非非,也不想进入具体的争议事件,但愿意谈谈元层次的问题。

当前以及今后相当长的时间里,人们在讨论转基因作物安全性问题时,都涉及标题所示的发问。关于转基因生物的争论不断,不但意见经常针锋相对,就何为"事实"也时常难以达成共识,那么公众应当听谁的? 这时有几种选择,比如论专业程度、论官位高低、论嗓门大小、论谁更理性更客观,等等。最后一种回答貌似高明,实际上等于什么也

① 罗宾:《孟山都眼中的世界:转基因神话及其破产》(吴燕译),上海交通大学出版社,2013 年 8 月版。

没说。

　　网友也多次问我类似的问题。我也在自问:"你不是科学家,特别不是生物学家、不是转基因生物技术专家,你有资格评论相关问题吗?"就转基因作物,我也公开表达过立场与态度,那么这种表达在学术上有合法性吗?说得更直接点,你凭什么发表见解?你有资格吗?

　　这回似乎真的摊上麻烦事了!不能回避相关疑问。不过,可以立即反问的是:对于如此复杂的转基因生物安全性问题,先将"我"划出考虑的范围,谁是可信赖的(在此暂不使用"绝对的"字样)内行、专家、权威?能就职业和专业程度来判断,那些直接从事转基因生物技术开发的一线科技工作者因为他们比其他人更懂得技术本身因而更理性更客观?是不是找到了这样的人物,请他们充分阐述,媒体、社会就得救了,人们洗耳恭听就成了?

　　不得不说,许多人有这样的缺省配置。有许多人自以为高明地反复讲:混乱是由于人们主观上把许多不同的事物搅在一起导致的。让恺撒归恺撒、科学归科学、政治归政治,一切就都解决了。转基因作物是科学问题,那么就让科学、科学家、科学组织说话吧,其他的都给我闭嘴。这种看法非常流行,因为它符合长期以来的科学观。

　　在上海的发布上,我讲了另一种观点,讨论转基因作物安全性可能要用到科学—政治(社会)关系的"和牛肉模

182

型"（Wagyu Beef Model）。

如今，科学技术已经发生了根本性的变化，当我们谈谈科学、政治、伦理、社会之关系时，这些词语的用法已经是近似的、人为抽象过的。传统上人们习惯于将上述几个概念所描述的东西外部化：它们彼此是外在的，相互之间以欧氏几何界面的方式接触、关联；科学自身是纯洁的或者原则上可以做到纯洁的。自科学知识社会学（SSK）以后，可以有另一种看法，即内部化的看法，要用到分形（fractal）几何学关于边界的描述、关于世界存在方式的模型。科学与社会（政治、经济）的表述本身就是近似的、分析的、反思后的描述，而不是原初的、事实性的描述。若回到现象本身，我们发现，"科学"内部本身有申请、立项、观察、推理、反驳、算计、协商、讨论、考评、书写、发表、报销、审计、表决、讨价还价、压制、反抗等，也就是说它内在地包含了"科学"（狭义的）、政治、伦理、经济、社会等因素和环节。看现实中的例子，这种内部化理解是有道理的，比如中科院的一个院子，某大学的一个研究机构，在其中各个层面上都天然存在分形结构。科学项目从来就包含着政治、经济、社会等因素，并且不仅仅是在宏观层面包含，在各个层面（宏观、中观和微观）均如此。而这种复杂结构非常适合用分形来描述，它很像非常好吃的"和牛肉"，而不像纯瘦肉或纯肥肉。

《孟山都眼中的世界》列于江晓原教授主持的 Isis 文库

的"科学政治学系列",显然我的上述引申也不算太跑题。

从"和牛肉模型"来看,转基因作物涉及的不是传统意义上的纯科学事务,即使加上"主要""核心"等字样来限定,它也不能还原为纯粹的科学技术。在转基因科技当中,本身就包含政治和经济,这一点可从《孟山都眼中的世界》中明显看出。

于是,标题中的疑问就不会有简单的答案。我不是在主张虚无主义或者极端的相对主义、不可知论。不同说法是可以适当比较的,也有高下之分、可信程度之分。但我想强调的是,相关事情不存在一个绝对标准,特别是权威性不能由单纯的职业来划定。相反,对于如此重要的事情(对于重要性,争论者之间大概不会有异议),人们应当更加慎重地使用理性、科学、客观、事实等字样,真理可能孕育于平和的协商过程之中。

如果有人执意主张转基因作物只是科学问题,人们就应当顺其逻辑指出:它不是科学问题而是政治问题。科学重要,政治也重要,甚至更重要。这样讲的理由是,转基因作物的立项、研发、推广、安全性评估等在每一步无不涉及政治(书中谈到的"旋转门"和"实质等同原则"特别值得关注),蔑视或无视其中的政治因素,与蔑视或无视其中的科学因素一样,都是可笑的。

"和牛肉模型"也可以用来分析关于转基因作物的争

论。许多媒体不负责任地作简单化处理,将支持转基因的阵营与理性、科学相联系,将反对转基因的阵营与非理性、非科学或者反科学相联系。这是极端错误的理解。实际上争论双方中都有科学、理性的成分,也都有非科学、反科学、非理性的成分。理性、科学在不同阵营中是分形交织的。比如,科学家也有反转基因的而且采用的是摆事实讲道理的科学理性方法;支持转基因的队伍中也有不懂科学的政客和资本家。

回到标题:转基因作物,该听谁的?

要听国家、企业怎么说,要听利益相关的科技工作者怎么说,要听非利益相关科学家(如生态学家、进化生物学家)怎么说,也要听经济学家、政治家、哲学家等怎么说,更要倾听自己的良心如何说。说到底,谁都不完全可信,但各种信息都值得认真对待。我个人不做转基因科技,但关注博物学、进化论,对于转基因作物我有自己的看法(我从来不认为所有转基因作物天生都有问题,更不认为它们根本没有问题),也有权坦率地表达出来。每个人都有自己的背景、视角和利益关切,自然有权利发表见解。

(《中国出版传媒商报》,2013 年 9 月 10 日,第 1976 期,第 15 版)

27. 分形织构假设

　　大自然演化出的结构通常具有分形(fractal)特征(具有标度变换下的不变性,"你中有我、我中有你"),可以尝试用分形概念分析科学元勘(science studies)领域的若干界面关系,分形织构作为一种本体论猜测将具有方法论意义,让人们重新审视一些熟悉的现象。

　　这里分析三个例子:

　　(1)归纳与演绎在科学哲学中作为互斥过程通常是分开讨论的,不同学派各执一端、争论不休,而从分形的观点看,它们可能是两种交织在一起的一个整体过程,如恩格斯所讲它们是相互联系相互补充的,不应当牺牲一个而把另一个捧到天上去。经验科学与形式科学各自都使用两种推理而不是只使用一种。

　　(2)科学知识社会学(SSK)革新了科学与社会的本体论结构。布鲁尔(David Bloor)的观点可以重新解读为:科学与社会之间不再如欧氏几何一般平滑接触,社会不是在外面简单地包裹着科学,它们相互交织存在于各个主体和过程中(从个体到科学共同体,从科学事实的建构到科学创新),不再能分出清晰的界面,于是传统上内史与外史的分界不再成立、科学哲学与科学社会学的截然分工也不复存在。

(3)人性自古有善恶两种或多种解释,进化论视角下的人性解释(涉及自私与非自私、斗争与共生等)在生物学、伦理学、科学传播学界已成热点。有人提出"自私基因"理论和"为己利他"等想法,其根本策略或动机是将自私、斗争作为基本出发点,将利他、合作等作为导出现象加以科学、理性论证。这类努力在一定意义上混淆了层次,将宏观概念不加约束地滥用于微观对象,基因作为主体(agent)是不同于人类个体、群体之主体的。如果非要说基因"自私",首先要论证基因有自由意志,因为只有对于有自由意志的主体才谈得上自私不自私的事。人性是人与自然与社会打交道所形成的各种关系的总和,当中无疑包括自私的因子,但也包含非自私的因子,后者并不能完全还原为前者。两类因子可能在多种时空区域同时存在。在那些人眼中,在灾难面前先顾自己被解释为自私,而先顾他人又被解释为准备获取长远好处,总而言之无法逃脱自私自利、人不为己天诛地灭的根本信念。实际上,为自己不等于自私,否则天下活物都是自私的、所有主体天然自私就无需另外论证了。

类似地还可以考虑理性/非理性、科学/非科学的分形织构。基于分形织构的所有这类分析,都是可错的,但确实有启示意义,将改变通常人们对科学推理、科学编史学和科学传播学的认识。